김약사 와 팜택스 의

약국
개국세무

김약사와 팜택스의 약국개국세무

2025년 4월 15일 초판 인쇄
2025년 4월 22일 초판 발행

지 은 이 임현수, 박근호, 김정오, 이수진, 전병옥
발 행 인 이희태
발 행 처 삼일피더블유씨솔루션
등록번호 1995. 6. 26. 제3-633호
주   소 서울특별시 용산구 한강대로 273 용산빌딩 4층
전   화 02)3489-3100
팩   스 02)3489-3141
가   격 20,000원

ISBN 979-11-6784-403-3 03320

약사가 묻고 팜택스가 답하는

김약사 와
팜택스 의

약국
개국세무

임현수 · 박근호 · 김정오 · 이수진 · 전병옥 지음

SAMIL | 삼일인포마인

약사는 전문의료인이자, 약국을 개국하는 순간부터 하나의 사업체를 책임지는 **경영자**이기도 합니다. 대부분의 약사님들은 오랜 시간 약학을 공부하고, 환자와의 소통 속에서 전문성을 쌓아오셨지만, 세무나 노무 문제는 여전히 낯설고 어렵게 느껴지시는 것이 현실입니다.

실제로 현장에서 약사님들과 상담을 하다 보면 가장 자주 들리는 말이 있습니다.

"약은 잘 아는데, 세금이나 직원 문제는 정말 자신이 없어요."

하지만 약국을 운영하는 한, 세무와 노무는 피할 수 없는 경영의 핵심 과제입니다. 직원의 급여를 어떻게 지급해야 할지, 4대 보험 처리는 어떻게 해야 하는지, 부가가치세는 어떤 기준으로 신고해야 하는지 등, 모든 것은 결국 약사님의 책임 하에 이루어져야 하는 실무입니다.

이처럼 약국의 사회적 위상과 경영적 복잡성은 해마다 높아지고 있지만, 그에 걸맞은 경영적·행정적 지원이나 정보는 여전히 부족합니다. 특히 세무와 노무 분야는 전문용어로 가득 차 있고, 이론 중심으로 설명되는 경우가 많아 실질적으로 약국 경영에 적용하기엔 쉽지 않습니다.

팜택스는 지난 20년간 약국을 전문으로 세무 자문을 해오며, 개업을 준비하는 약사님부터 수십 년째 운영 중인 약국장님들까지 수많은 약국과 함께 고민하고 문제를 해결해 왔습니다. 매년 바뀌는 세법에서 약사님들이 불이익 없이 안정적으로 경영할 수 있도록 돕는 일이 팜택스의 역할이었습니다.

이러한 현장의 경험과 수많은 상담을 바탕으로, 실무에서 바로 참고할 수 있는 책을 만들겠다는 마음으로 먼저 『슬기로운 약국생활』을 집필하였습니다. 이 책은 그 후속작으로, 더욱 구체적이고 실용적인 세무·노무 중심의 지침서를 담고자 기획되었습니다.

『슬기로운 약국생활』이 약국 경영 전반에 대한 통찰과 방향을 잡아주는 역할을 했다면, 이 책은 실무에서 당장 부딪히는 세금과 인사 문제에 대한 **구체적인 해결책과 실행방법을 제시하는 책**입니다. 세무와 노무는 아무리 쉽게 쓰려고 해도 약사님들께는 어렵게 느껴질 수밖에 없기에, 가능한 한 **대화 형식**과 **실제 사례 중심**으로 쉽게 풀어 썼습니다.

이 책이 약국을 운영하는 많은 약사님들께 실질적인 도움이 되기를 바랍니다.

약국이라는 전문성과 책임의 공간을 안정적으로 운영해나가시는 여러분께, 이 책이 든든한 안내서이자, 필요할 때 꺼내보는 동반자가 되어드릴 수 있기를 바랍니다.

이 책이 나오기까지 함께 애써주신 분들께 깊은 감사를 전합니다.

늘 현장을 살피고 약사님들과 소통해온 조완식, 정명현, 박경옥, 백미, 박은정 팀장님, 그리고 묵묵히 뒷받침해준 팜택스의 모든 동료 여러분께 진심으로 감사의 마음을 전합니다.

여의도 윤중로 벚꽃길 옆에서

저자 일동

목차

Chapter 3   **김약사의 부가가치세 신고**

Chapter 4   **김약사의 종합소득세 신고**

Chapter 5 **김약사의 폐업**

김약사의
개국

김약사와 팜택스의
약국개국세무

01 약국을 임차했는데 임대차계약시 유의사항이 있을까요?

포인트

계약서 상 임차료에 부가가치세가 포함되어있는지 여부를 반드시 확인하고, 임대차계약 후 확정일자를 받거나 전세권 설정을 하여야 우선변제권을 갖게 됩니다.

◑ **김약사:** 7월쯤 개국하려고 올초부터 준비하다 드디어 마음에 드는 곳을 발견하였습니다. 그런데 개국이 처음이다 보니 임대차 계약할 때 임대인과 어떤 점에 대해 중요하게 협의해야 하는지, 향후 약국을 양도할 때 보증금이나 권리금 회수 등에 대해 법적으로 보호받기 위해서 어떻게 해야 하는지 등 물어볼 곳이 없어 마땅치 않아 막막합니다.

◑ **팜택스:** 간단하게 부가가치세부터 먼저 설명드리겠습니다. 임대차계약서를 보면 보증금과 월세가 기재되어 있는데 월세가 부가가치세 포함 금액인지, 월세 이외 부가가치세를 별도로 지급해야 하는지를 확인하셔야 합니다. 계약서에 특별히 언급되어 있지 않다면 세법에서는 계약서에 기재된 월세에는 부가가치세가 포함된 것으로 봅니다.

부가가치세가 별도로 언급되어 있지 않다면 월세에 부가가치세가 포함된 것으로 본다는 해석은 임차인인 약국 입장에서는 불리하지 않지만 계약에서 중요한 것은 정확성이므로, 반드시 부가가치세를 확인하셔야 합니다.

🔵 **김약사**: 네. 그럼 보증금과 권리금에 대해서 법적으로 보호받으려면 어떻게 해야 하나요?

🔵 **팜택스**: 자, 이제부터 상가임대차보호법에 대해서 간략하게 설명드리겠습니다. 상가임대차보호법상 보호받는 임차인의 권리는 크게 우선변제권, 대항력, 계약갱신요구권 행사기간 10년, 권리금 회수 기회 보호 등 4가지가 있습니다.

이 4가지의 권리를 모두 보호받을 수 있는 것은 아니고 환산보증금이 법적 한도 이내인지 초과인지에 따라 보호받을 수 있는 권리가 달라집니다.

환산보증금은 "보증금 + (월세 × 100)"으로 계산되며, 서울의 경우 9억원, 과밀억제권역 및 부산은 6.9억원, 부산 이외 광역시등은 5.4억원, 그 외 기타지역은 3.7억원입니다.

환산보증금 이내의 경우 우선변제권을 갖게 되며 차임(월세) 증액도 5% 이내 한도로 제한됩니다. 우선변제권은 임차한 건물이 경공매가 진행될 때 후순위 권리자보다 앞서서 보증금을 회수할 수 있는 권리를 말합니다. 전세권 설정을 별도로 하지 않더라노 확성일사를 빋으면 우선변제권을 갖게 됩니다.

약국이 대도시에 위치했거나 문전약국 등의 경우 환산보증금을 초과하는 경우가 많습니다. 환산보증금을 초과하게 되면 확정일자를 받을 수 없습니다. 이런 경우에는 임대인과 협의하여 전세권 설정을 해두면 앞서 설명한 우선변제권과 동일한 효력을 갖게 됩니다.

환산보증금 이내이든 초과이든 관계없이 대항력, 계약갱신요구권 행사 기간 10년, 권리금 회수 기회는 보호받게 됩니다.

임대차 계약을 해지하고 신규 임차인을 주선할 때 임대인이 권리금 회수를 방해하는 행위는 법에서 허용하지 않습니다. 권리금 회수를 방해하는 행위로 보지 않는 경우들이 법에 열거되어 있는데, 이 중에서 가장 중요한 것을 하나 짚어드리겠습니다.

임차인이 3기의 차임에 해당하는 금액에 이르도록 차임을 연체한 사실이 있는 경우 권리금 회수 방해 행위에 해당되지 않습니다.

◖◗ 김약사: 아하, 임차인으로서 월세를 제때 지급해야 권리금을 회수할 수 있는 기회도 보장받는다는 의미인 거죠? 이제 이해했습니다. 감사합니다!

02

사업자등록신청은 언제 해야 하며, 필요한 서류는 무엇인가요?

포인트

사업개시일로부터 20일 이내에 세무서에 사업자등록을 해야 합니다.

🔵 **김약사**: 말씀주신 내용 잘 참고하여 임대차계약을 잘 진행했습니다. 임대차계약 후에는 무엇을 해야 하나요?

🔵 **팜택스**: 약사님, 아니, 국장님! **임대차계약을 맺었으면 가장 먼저 세무서에 가서 사업자등록**부터 해야 하는데 사업자등록은 하셨나요?

🔵 **김약사**: 지금은 이것저것 알아보느라 너무 바빠서 사업자등록은 생각도 못했습니다. 그리고 보건소에 약국개설등록 이후에 사업자등록이 가능하다고 해서 뒤로 미뤄둔 것도 있구요.

🔵 **팜택스**: 사업자등록부터 해야 정식으로 세무서에서 사업자로 인정을 받을 수가 있습니다. 원칙적으로 부가가치세 신고를 할 때, 사업자등록을 한 이후 지출한 비용에 대해서만 사업과 관련된 비용으로 인정을 받기 때문에 사업자등록을 빨리 하는 게 중요합니다. 특히 개업할 때는 인테리어나 비품을 구입하는 금액이 많기 때문에 제대로 세금계산서와 신용카드를 챙겨두면 부가가치세 신고를 할 때 환급을 받을 수도 있습니

다. 사업자등록이 되어야 신용카드 단말기 설치도 할 수 있고, 심평원 신고도 할 수 있습니다. 사업개시일로부터 20일 이내에 등록하지 않을 경우 공급가액의 1%의 가산세를 부담해야 합니다.

그리고, 약국개설등록 전이더라도 사업자등록 시 사업계획서를 제출하며 사업자등록증이 발급됩니다.

🔵 **김약사:** 아 그렇군요. 그런데, 며칠 전에 약국 인테리어 업체와 계약을 하면서 계약금을 먼저 드렸습니다. 그랬더니 업체에서 세금계산서를 발행해준다고 하여 주민등록번호를 알려줬는데 주민등록번호로 발급받은 것을 취소해 달라고 해야 하나요?

🔵 **팜택스:** 공급시기가 속하는 과세기간이 끝날 날로부터 20일 이내에 사업자등록을 하게 되면 주민등록번호로 발급받은 세금계산서도 유효합니다. 여기서 주의해야 할 것은 사업자등록 이후 주민등록번호로 발급받은 세금계산서는 인정받지 못합니다. 이때는 '사실과 다른 세금계산서에 해당되어' 공급가액의 2%가 가산세로 붙습니다.

사업자 등록 전에 주민등록번호로 발급받은 세금계산서가 있다면 세무담당자에게 주민등록번호로 발급받은 세금계산서가 있다는 사실을 꼭 알려주셔야 합니다. 왜냐하면 주민등록번호로 발급받은 세금계산서를 사업자등록번호로 발급받은 세금계산서로 전환해야 하기 때문입니다. 세금계산서 전환은 국장님께서 직접 로그인하여 진행해야 하지만, 세무담당자가 방법을 잘 설명해드릴 겁니다.

🔵 **김약사:** 마지막으로 한 가지 더 질문을 하겠습니다. 사업자등록을

하려면 일반과세자가 유리할까요? 아니면 간이과세자가 유리할까요?

🔵◻ 팜택스: **약국은 간이과세 배제업종이니 무조건 일반과세자로 신고**해야 합니다.

⚫◻ 김약사: 말씀주신 대로 사업계획서 작성하여 사업자등록증 발급받으러 세무서에 방문하겠습니다. 감사합니다!

03 사업자가 반드시 알아야 하는 세무관련 유의사항은 무엇일까요?

> **포인트**
>
> 사업자는 적격증빙을 수취하고, 사업용계좌를 개설해야 하며, 일정 요건에 해당될 경우 전자세금계산서 발급 및 업무용승용차 운행기록부 작성 등을 하여야 합니다.

◖◗ 김약사: 사업자등록은 했는데, 약국을 운영하면서 기본적으로 알아야 하는 세무관련 유의사항 같은 것은 어떤 것이 있을까요?

◖◗ 팜택스: **건당 3만원을 초과하는 상품이나 용역을 제공받는 경우에는 반드시 세금계산서, 계산서, 신용카드, 현금영수증 등의 적격증빙을 받아야 합니다.** 이를 **위반 시 가산세(2%)**가 있습니다.

◖◗ 김약사: 아, 세법은 가산세가 많군요.ㅜㅜ

◖◗ 팜택스: **복식부기의무자가 사업용계좌를 개설(6월 이내)**하지 않은 경우 중소기업에 대한 특별세액감면 등이 적용되지 않으며, 사업관련 거래대금결제·인건비 및 임차료의 경우 **사업용계좌로 사용(계좌이체)하지 않는 경우 가산세(0.2%)**의 불이익이 있습니다.

◖◗ 김약사: 그래도 다행히 정규영수증의 2%보다 낮군요.

팜택스: **사업장별 공급가액(과세+면세)이 8천만 원 이상인 경우, 그** 다음 해 7월부터 의무적으로 **전자(세금)계산서를 발급**하여야 하며, 미 발행 시 **가산세(2%)**가 부과됩니다.

김약사: 한 달 매출이 천만원이더라도 일 년이면 1억이 넘으니 대부분의 사업자는 전자(세금)계산서를 발행해야 한다고 생각해야 할 것 같습니다.

팜택스: **현금영수증 가맹대상 업종(전문직 등)인 경우 가맹점에 가입** **(전문직은 60일 이내)하여 현금영수증을 발행**하여야 하고, 현금영수증 의무발행 가맹점 스티커를 부착하여야 합니다. 그리고 10만원 이상의 현금 거래는 무조건 현금영수증을 발행하여야 하고, 이를 **위반 시 가산세** **(20%) 및 중소기업에 대한 특별세액감면 등이 적용되지 않습니다.**

김약사: 현금영수증은 가산세만 해도 20%이니 상당하군요. 그런데 신용카드가맹점 가입의무는 없나요?

팜택스: 신용카드가맹점 가입의무는 없지만 발행거부 시는 현금영수증 발행거부와 동일한 불이익이 있습니다. 마지막으로 **복식부기의무자가 업무용승용차(경차, 트럭, 9인승 이상 제외)를 보유하고 있을 경우, 운행기록부를 작성해야 하고 일정 한도 이내의 금액만 필요경비**로 인정하고 있습니다. 1대 초과 보유분에 대해서는 임직원전용자동차보험 가입의무가 있습니다.

1. 수입금액 규모와 상관없이 복식부기의무자

2. 현금영수증 가맹점 가입의무

3. 추계시 단순경비율 적용배제

4. 사업자 등록시 간이과세 적용배제

5. 근로장려금 및 자녀장려금 제외

6. 업무용승용차 임직원전용자동차보험 가입(1대 초과)

7. 적격증빙 수취(3만원 초과)

8. 사업용계좌 개설

04 약국의 주요 세무일정은 어떻게 될까요?

> **포인트**
>
> 약국장님께서는 부가가치세, 종합소득세, 원천세를 신고납부할 의무가 있으며, 매월 또는 반기, 연간 지급명세서를 제출할 의무가 있습니다.

●▮ 김약사: 이제 본격적으로 약국을 개국했으니, 주요 세무일정도 알려 주시겠습니까? 가산세 무섭다는 얘기를 주변에서 많이 들어서 세금 납부 일정을 미리 체크해두어 정확한 날짜에 납부하려고 합니다.

●▮ 팜택스: 국장님이 체크하셔야 하는 세금은 크게 부가가치세, 종합소득세, 원천세가 있습니다. **재화나 용역의 대가를 주고받을 때 부담하여야 하는 부가가치세, 사업소득에 대하여 부담하는 종합소득세, 임직원에게 급여나 퇴직금 등을 지급할 때 소득세를 원천징수하여 국가에 신고·납부**하여야 할 의무가 있습니다.

●▮ 김약사: 구체적인 날짜는 어떻게 될까요?

●▮ 팜택스: 부가가치세는 일반과세자의 경우 반기별(1-6월 분은 7월25일, 7-12월 분은 그 다음 해 1월25일) 신고·납부하고, 종합소득세는 그 다음 해 5월말(성실은 6월말)까지 신고·납부해야 합니다. 원천징수한 소득세

등은 급여등을 지급한 날의 다음달 10일까지 신고·납부하며, 또한, **종합소득세 및 원천징수하는 소득세의 10%는 지방소득세로 별도로 신고·납부**하여야 합니다.

🔘 김약사: 원천징수는 인건비 등을 지급할 때 직원 등이 부담해야 하는 세금을 사업주가 받아서 대신 신고·납부하는 것을 말하는 건가요? 아무래도 직원이 일일이 신고·납부한다면 직원도 그렇고 세무서도 그렇고 오히려 불편할 테니까요!

🔵 팜택스: 그렇습니다! 사업자는 세금신고·납부와 함께 사업상 주고받은 세금계산서 및 계산서, 원천징수영수증 등을 제출하여야 할 납세협력 의무가 있습니다. 납부기한이 금융기관 휴무일(토요일)이거나 공휴일인 경우에는 그 다음날까지 납부할 수 있으며 실적이 없거나 결손인 경우에도 반드시 신고는 해야 합니다.

🔘 김약사: 세무일정이 의외로 많군요! 전에 사업을 하던 친구도 세금이 없을 것으로 생각하고 신고를 안했다가, 나중에 세무서에서 연락이 와서 1년 동안 고생을 했다고 하더군요. 정상적으로 신고를 하면 세금이 없었는데 신고를 안 하니 가산세까지 냈다고 했습니다.

🔵 팜택스: 원천세 신고는 고용인 20인 이하 사업장은 6월 단위(반기별)로 신고·납부할 수 있지만, **2024년부터는 일용직, 사업소득, 기타소득(인적용역)은 매월 (간이)지급명세서를 세무서에 제출해야 하기 때문에 인건비가 있는 경우 거의 매월 세무서에 신고**를 해야 한다고 생각하시면 좋을 것 같습니다.

※ 주요세무일정

- ☐ 1월 부가가치세 확정신고, 근로소득간이지급명세서 제출, 등록면허세 및 자동차세(연세액) 납부

- ☐ 2월 지급명세서(이자소득·배당소득·기타소득) 제출

- ☐ 3월 지급명세서(사업소득·근로소득·퇴직소득·봉사료) 제출, 연말정산, 보수총액신고

- ☐ 4월 부가가치세 (예정)고지 납부

- ☐ 5월 종합소득세 신고

- ☐ 6월 성실신고확인대상사업자 종합소득세 신고, 자동차세(1/2) 납부

- ☐ 7월 부가가치세 확정신고, 근로소득간이지급명세서 제출, 재산세(건축물, 주택 1/2)

- ☐ 8월 주민세 납부

- ☐ 9월 재산세(토지, 주택 1/2)

- ☐ 10월 부가가치세 (예정)고지 납부

- ☐ 11월 종합소득세 중간예납

- ☐ 12월 자동차세(1/2)

- ☐ 매월: 원천세 신고납부, 간이지급명세서[사업소득 및 기타소득(인적용역)] 제출, 일용 지급명세서 제출, 전자(세금)계산서 발급(다음 달 10일까지)

개국

05

사업용계좌 개설제도란 무엇이며, 어떻게 신고할 수 있을까요?

> **포인트**
>
> **약국사업자는 개업일 다음연도 개시일부터 6개월 이내에 사업용계좌를 신고해야 합니다.**

◗ **김약사:** 사업자등록도 하고 신용카드단말기도 설치를 했는데 혹시 개업 시에 추가로 해야 하는 일이 또 있을까요?

◗ **팜택스:** 약국사업자는 전문직사업자로 **사업개시와 동시에 복식부기의무자에 해당**됩니다. **복식부기의무자는 다음 연도 과세기간 개시일로부터 6개월 이내에 사업용계좌를 개설**해야 합니다.

사업용계좌란, 국세청에 "사업용"으로 사용하고 있다고 신고하는 계좌를 말합니다.

◗ **김약사:** 사업용계좌라고요? 법인도 아닌데 개인이 통장계좌까지 신고 해야 하나요? 그리고 계좌번호 신고만 하면 됩니까?

◗ **팜택스: 거래대금을 지급받거나 매입대금, 인건비, 임차료 등 주요 경비를 지출할 경우 반드시 사업용계좌를 사용하여야 합니다. 이를 위반하면 가산세 징수와 중소기업특별세액감면 등 감면배제가 됩니다.**

◗▌ **김약사**: 통장 표지를 보니 사업용계좌로 기재되어 있는데 그럼 신고가 된 것 아닌가요? 그리고 상가 임대를 하려고 하는 데 임대사업장도 해야 할까요?

◗▌ **팜택스**: 은행에서 예금주명에 "본인+사업장명"으로 된 계좌를 만들었다면 국세청 홈택스를 통해 "사업용계좌" 등록을 하여야 합니다. 통장에 사업용계좌로 표시되었다고 해서 세무서에 신고가 된 것은 아닙니다.

그리고 **사업용계좌는 사업장마다 신고하는 것이기 때문에 임대사업장은 별도로 신고를** 해야 하고, **사업용계좌를 주민번호로 신고하면 사업용계좌 미개설로 처리가 되니 반드시 사업자번호로 신고를 해야 합니다.**

◗▌ **김약사**: 박카스를 현금 주고 판매한 경우에도 사업용계좌에 반드시 입금을 한 후에 출금해서 사용해야 하나요?

◗▌ **팜택스**: 일반약을 현금을 주고 판매하거나 조제약 본인부담금을 현금으로 받는 경우에는 법적으로 사업용계좌에 입금하지 않아도 됩니다.

◗▌ **김약사**: 약국에서 바로 계좌이체를 받는 경우가 있습니다. 이때도 현금으로 받는 것이기 때문에 사업용 계좌가 아닌 다른 계좌로 받아도 상관없나요?

◗▌ **팜택스**: 금융거래를 통하는 경우는 반드시 사업용계좌로 받아야 하기 때문에 계좌이체를 받는 경우에는 사업용계좌로 받아야 합니다.

06

환자분께서 요청하지 않아도 현금영수증을 의무적으로 발행해야 하나요?

포인트

약사업의 경우 2020년부터 현금영수증 의무발행대상입니다.

🔵 **김약사**: 세무서에서 사업자등록을 하니 현금영수증 가맹점으로 가입을 해야 한다고 하던데, 현금영수증 가맹점 가입은 어떻게 해야 할까요?

🔵 **팜택스**: 신용카드 단말기가 설치되면 현금영수증도 가맹점으로 가입됩니다. 만일, 신용카드단말기가 없으면 국세청 홈택스에서 가입할 수도 있습니다.

🔵 **김약사**: 현금영수증 가맹점 가입을 하지 않으면 어떤 불이익이 있을까요?

🔵 **팜택스**: **약국은 2020년부터 현금영수증 가맹점 가입의무가 있으니, 60일 이내에 현금영수증 가맹점 가입**을 해야 합니다. 10만원 이상 판매하고, 현금으로 대금을 받는 경우에는 상대방이 현금영수증발급을 요청하지 않더라도 반드시 현금영수증을 발급해야 합니다. 발급하지 않으면

20%의 가산세가 부과됩니다.

⬤ **김약사**: 가산세 20%면 상당한 금액이 될 것 같습니다. 현금영수증을 제대로 발급 안하다가 가산세를 부과받으면 손해가 클 것 같은데, 환자들 중에는 현금을 주면서도 굳이 발급을 요청하지 않는데다 현금영수증을 발급하기 위해서 일부러 휴대폰 번호를 알려달라고 하면 오히려 불편할 것 같은데, 어떻게 하는 게 좋을까요?

⬤ **팜택스**: 거래 상대방이 현금영수증 발급을 요청하지 않아 즉시 발급하지 못한 경우에는 현금을 받은 날부터 5일 이내에 국세청 지정코드(010-000-1234)로 발급하면 됩니다.

전체 판매가격 기준으로 10만원 이상 시 현금영수증 의무 발행 대상이 됩니다.

예를 들어, 거래대금의 일부만 현금으로 받는 경우로서, 신용카드결제 5만원, 현금 5만원이라면, 거래 총 금액이 10만원으로 10만원 이상에 해당하므로 현금영수증 의무발급 대상이 됩니다. 따라서, 5만원은 신용카드 결제로, 현금 5만원에 대해서는 현금영수증을 발급하여야 합니다.

처방약의 경우 **환자 본인부담금과 조제료를 합친 금액 총약제비를 기준으로 건당 10만원 이상 판매 시 현금영수증 의무발행 대상입니다. 그러나 보험(의료)급여는 현금영수증을 발행하지 않더라도 가산세 부과 대상에서 제외되며, 환자본인부담금도 가산세 대상이 아닙니다.**

현금영수증 의무발급 업종이 현금영수증가맹점에 가입하지 않으면 가산세(1%)가 부과됩니다.

07

세금계산서 없이 결제하면 할인해준다고 하는데 어떻게 해야 하나요?

포인트

적격증빙은 세금계산서, 계산서, 신용카드, 현금영수증 등이 있습니다. 적격증빙을 수취해야 추후 문제가 발생하지 않습니다.

🔵 **김약사:** 약국이 크지는 않지만 이번에 새롭게 인테리어 한 곳이나 다른 내부 시설등에서 소소하게 수선해야 할 일들이 생깁니다. 그런데 약국 가까운 곳에 인테리어 가게 사장님께 물어보니 현금으로 결제하면 20% 더 싸게 해 주겠다고 하는데 어떻게 하는 게 좋을 까요?

🔵 **팜택스:** 사업과 관련된 지출과 개인적 지출은 구분할 필요가 있습니다. **원칙적으로 사업과 관련된 지출에 대해서는 세무상으로 모두 필요경비로 인정해 주지만 증빙이 없으면 인정하지 않거나 가산세를 부과**하고 있습니다.

우리나라의 소득세율은 소득이 높아질수록 더 높은 세율을 적용하는 누진적 구조를 가지고 있습니다. 대부분 약국장님의 종합소득세 세율은 지방소득세를 포함하여 38.5% ~ 46.2%의 세율 구간에 있습니다. 이는, 만약 10만원을 지출하였으나 증빙이 없어 결산할 때 필요경비 반영이 되지 못한다면, 38,500원(= 10만원 × 38.5%) ~ 46,200원(= 10만원 × 46.2%)의 절세 효과를 놓치는 것이라고 볼 수 있습니다. 따라서, 현금으로 결제하면 20% 싸게 해주겠다는 것은 결코 약국장님 입장에서 유리한 제안은 아닙니다.

🔘 김약사: 문구점이나 식당에서는 간이영수증을 주기도 하던데, 간이영수증은 적격증빙에 해당되나요?

🔵 팜택스: **적격증빙은 신용카드, 현금영수증, 세금계산서, 계산서 등이** 대표적입니다. 간이영수증은 적격증빙이 아닙니다. **간이영수증을 받을 경우 3만원을 초과하면 적격증빙불비가산세(2%)**를 부담해야 합니다. 향후 세무조사를 대비하기 위하여 거래 상대방의 사업자등록번호나 주민등록번호 그리고 현금을 이체한 금융내역을 보관하고 있어야 합니다.

🔘 김약사: 개국을 하니 영업직원이 의약부외품을 장기(세금계산서) 없이 공급한다고 합니다. 세금계산서 없이 공급하니까 좀 저렴하게 공급해 준다고 합니다. 거래하는 것이 맞을까요?

🔵 팜택스: 매출이 대부분 카드로 발생하기 때문에 매입이 없으면 매출이 곧바로 이익이 됩니다. 따라서 이런 거래를 하는 것은 팔수록 손해를 보는 역마진이 발생합니다. 물론 현금판매가 많은 경우는 예외일수 있지만 요즘은 대부분 카드판매이기 때문에 무조건 세금계산서를 받는 것이 유리합니다.

08

경비 지출시 적격증빙을 받지 않아도 되는 예외는 없을까요?

포인트

(세금계산서 발행의무 없는)간이과세자로부터 부동산임대용역, 금융보험용역, 택시운송용역, 입장권·승차권·승선권 등은 적격증빙이 아니라도 인정됩니다.

🔵 **김약사: 사업자와 거래시 적격증빙(신용카드, 현금영수증, 세금계산서, 계산서 등)을 받아야 한다고 하시면서, 3만원 이하는 간이영수증을 받아도 된다**고 하셨는데요. 그렇게 하지 않아도 인정해주는 예외는 없을까요?

🔵 팜택스: 연간 부가가치세 과세표준이 4,800만원 미만인 간이과세자는 세금계산서를 발행할 수 없고 신용카드나 현금영수증만 발행할 수 있습니다. 즉 연간 4,800만원 미만인 간이과세자의 세금계산서를 받으면 잘못된 세금계산서가 되기 때문에 문제가 됩니다. 단, **임대사업자가 간이과세자인 경우 월임대료에 대해서 세금계산서를 발행할 수 없기 때문에 통장 등에서 자금 이체한 경우 송금명세서를 작성**하면 적격증빙불비 가산세 부담은 없습니다.

🔵 김약사: 마지막으로 하나만 더 물어보겠습니다. 지난 번에도 물어봤었는데, 가구나 비품을 사다보니 금액도 많이 들고 현금으로 결제하면 할인이 크던데, 금전적 부담을 줄이기 위해 세금계산서를 발급받지 않고

거래명세서나 통장 이체 내역을 세무서에 제출하면 비용으로 인정되지 않을까요?

🔵 팜택스: **거래명세서는 거래내용을 확인하는 것에 불과**합니다. 세무 신고 시 적격증빙이 아니면 신고할 수 없으므로 가구나 비품을 판매하는 사업자는 매출로 신고할 수 없습니다.

부가가치세 및 종합소득세 신고의 주요 역할 중 하나는 공급자(매출처) 와 공급받는자(매입처)의 거래에 대해서 상호 대사를 하는 것입니다. 공급자(매출처)가 현금을 받고 매출 신고를 하지 않았는데, 공급받는자(매입처)가 매입 신고를 하게 되면 공급자는 매출 누락으로 세무서에서 소명 요청을 받게 될 겁니다.

따라서 매입하는 사람도 적격증빙 자료 없이 매입을 신고하기 어려워질 겁니다.

비품의 취득가액이 인정이 안 되면, 감가상각비 등의 비용으로 처리할 수도 없습니다. 부가가치세와 종합소득세를 모두 고려할 때, 세금계산서 등의 적격증빙을 받는 것이 가장 좋은 방법입니다.

09 약국을 공동사업으로 하는 것이 유리한가요?

포인트

동업계약서 작성시 출자방법, 출자금액, 손익분배방법 및 운영상 특약 등을 자세히 기재해야 합니다.

🔘 **김약사:** 제 친구가 조만간 본인의 약국을 폐업하고 저희 약국에서 함께 일을 하게 될 것 같습니다. 친구를 근무약사로 직원 등록을 하는 것이 좋을지, 공동사업자로 하는 것이 좋은 지 고민이 됩니다. 어떤 형태가 절세에 도움이 되는지, 그리고 공동사업을 하기 위해서 동업계약서를 작성한다면 어떻게 작성해야 하는지 설명 부탁드리겠습니다.

🔘 **팜택스:** "단독사업자 + 근무약사"인 경우와 "공동사업자"인 경우 등 2가지 경우에 있어 국장님과 친구분의 소득금액이 예상된다면 쉽게 시뮬레이션을 통해서 확인하실 수 있습니다. 저희가 이런 문의가 많아서 시뮬레이션을 많이 해보았는데, **세금만 고려하면 무조건 공동사업자가 절대적으로 유리한데 4대보험까지 고려하면 다소 다른 결과가 나옵니다.**

4대보험까지 고려하면 공동사업자가 다소 유리한 측면은 있지만 유의미하게 큰 차이가 없는 경우도 많습니다. 그래도 각 약국의 **상황**에 따라 결과가 다를 수 있으니, 소득금액이 어느 정도 추정되면 한 번 검토해드리도록 하겠습니다.

동업 시에는 주의할 점이 많습니다. 우선 구체적인 내용을 계약서로 작성해야 합니다.

🔘 **김약사:** 계약서에는 어떤 내용을 적어야 하나요?

🔵 **팜택스:** 먼저 지분비율과 손익분배방법부터 결정해야 합니다. 사업을 하게 되면 손익에 대해서 직접적으로 이해관계가 발생하기 때문에 사전에 확실하게 자료를 남겨두는 것이 중요합니다.

🔘 **김약사:** 그리고 보니 그럴 수도 있을 것 같습니다. 그래도 동업을 한다면 유의해야 할 사항을 몇 가지만 더 짚어 주시겠습니까?

🔵 **팜택스:** 이렇게 말하면 좀 불편하시겠지만, 동업은 반드시 깨진다고 생각을 하고 준비를 해야 합니다. 그래서 동업계약서에는 계약 해지 시 어떻게 할 것인지 분명하게 명시해야 합니다.

🔘 **김약사:** 동업하다가 서로 계약 해지를 하거나 깨진다면 서로 안 좋게 끝날 가능성이 높겠군요!

🔵 **팜택스: 동업계약서에는 출자방법과 출자금액, 손익분배방법이나 운영상 특약 등이 있는지 최대한 자세히 기재**할 필요가 있습니다. 별도의 언급이 없으면 손익분배비율은 지분비율과 같다고 봐야 합니다. 동업계약서 상에 권리와 의무를 제대로 준수하지 못할 경우 손해배상의 책임을 물을 수 있다는 사실에 주의해야 합니다. 그리고 **동업계약이 해지될 경우 잔여재산과 분배 방법 및 시기에 관한 사항이 포함되어야** 하고, 이때 분배되는 재산은 사업으로 인해 발생한 채무도 함께 포함**되어야 합니다.

한가지 더 주의할 사항은 **공동사업에 출자하기 위해 차입한 차입금의 지급이자는 공동사업장의 필요경비에 산입할 수 없습니다**. 출자를 위한 차입금 이외에 공동사업을 위해 차입한 차입금의 지급이자는 공동사업장의 필요경비에 산입이 가능함을 유의해야 합니다.

10

개국시 노란우산공제에 꼭 가입을 해야 하나요?

포인트

노란우산공제는 약국의 유용한 절세 상품으로 년 200만원~600만원까지 소득공제가 가능합니다.

김약사: 개국을 하니까 노란우산공제 가입하라는 전화나 문자가 너무 많아 오네요. 그래서 바쁜데 자꾸 가입하라고 하니 귀찮아서 전화를 그냥 끊어 버리게 됩니다. 과연 절세에 도움이 되긴 되나요?

팜택스: 노란우산공제는 약국에 몇 안되는 유용한 절세 상품입니다.

김약사: 노란우산공제는 보험 아닌가요? 보험을 가입해서 손해를 많이 봐서 보험은 되도록 가입안하고 싶습니다.

팜택스: 노란우산공제는 보험의 장점과 저축의 장점을 모두 가지고 있는 상품입니다. 우선 보험 기능으로는 상해 발생시 보험기능을 받을 수 있는 기능이 있습니다. 또한 보험의 경우 이자가 없지만 노란우산의 경우 이자가 있습니다. 또한 해약하면 원금 손실이 큰데 노란우산공제는 법정사유로 해지시는 원금손실이 없습니다.

김약사: 노란우산공제에 이자가 있다는 얘기인가요?

🔵 **팜택스**: 네 2025년 기준 연 복리 3.3%를 적용받고 있습니다. 노란우산 공제 법정 해지 사유에는 폐업, 사망, 노령(60세 이상)이 있습니다. 따라서 약국을 폐업하는 경우에도 원금손실없이 이자를 가산한 금액을 수령할 수 있습니다.

🔵 **김약사**: 만기는 언제까지 인가요?

🔵 **팜택스**: 노란우산 공제는 기본적으로 만기는 없습니다. 다만, 만기에 준하는 공제금 지급청구가 가능한 요건으로 만 60세 이상이고 120회(10년) 이상 부금 납부를 기준으로 하고 있으며, 일괄지급이나 분할지급을 선택하여 신청이 가능합니다.

🔵 **김약사**: 만약 60세 이전이나 폐업하기 이전에 해지하는 경우 어떤 불이익이 있나요?

🔵 **팜택스**: 소득공제 받은 환급금 전액에 대하여 기타소득으로 과세되기 때문에 많은 불이익이 발생할 수 있습니다.

🔵 **김약사**: 그럼 폐업을 하지 않는 경우에는 만 60세 이상일 경우 수령하는 것이 좋겠네요

🔵 **팜택스**: 맞습니다. 납부하는 동안 소득공제가 적용되기 때문에 가능하면 개국하고 있는 동안 계속 납부하는 것이 유리하며, 최소 10년 이상 납부하여 120회를 채우고, 만 60세 이상부터 공제금 지급 신청을 하는 것이 좋습니다.

Ⅰ 노란우산공제(소기업 소상공인 공제부금)란?

소기업·소상공인을 위한 공적 공제제도로서 중소기업협동조합법 제
115조에 근거하여 운영되는 사업주의 퇴직금 마련을 위한 제도

Ⅱ 노란우산공제 납입금액에 대한 세제 혜택

노란우산공제(소기업·소상공인 공제)에 가입하여 납부하는 공제부금
에 대해서는 소득금액 구간별로 아래의 소득공제금액을 한도로 하여 소
득금액에서 차감하여 과세표준 계산함으로써 절세 효과 발생

소득금액	최대소득 공제 한도	예상세율	절세효과
4천만원 이하	600만원	6.6% ~ 16.5%	396,000원 ~ 990,000원
4천만원 초과 ~ 6천만원	500만원	16.5% ~ 26.4%	825,000원 ~ 1,320,000원
6천만원 초과 ~ 1억원	400만원	26.4% ~ 38.5%	1,056,000원 ~ 1,540,000원
1억원 초과	200만원	38.5% ~ 49.5%	770,000원 ~ 990,000원

Ⅲ 노란우산공제 해지 시 해지환급금(공제금)에 과세방법

- 노란우산공제는 사업주의 퇴직금 마련을 위한 제도로서 법정 사유로
  인한 해지의 경우 퇴직소득세로 과세하지만 법정 사유 이외의 사유
  로 해지 시 기타소득으로 과세힘.

- 따라서 법정사유 이외의 사유로 해지를 하는 경우 세금 혜택이 없어
  지므로, 폐업시까지 유지하는 것이 좋음.

- 법정사유: 폐업, 가입자의 사망, 3개월 이상 입원치료(요양), 노령(60
  세 이상&120회 이상 납부)

Ⅳ 노란우산공제 해지 시 해지환급금(공제금)에 대한 과세방법

(1) 폐업 등 법정사유로 공제금을 받는 경우

 - 공제금을 퇴직소득으로 보아 퇴직소득세 과세
 - 퇴직소득 = 공제금 – 실제소득공제받은 금액을 초과하여 납입함 금액의 누계액

(2) 폐업 등 법정사유 이외의 사유로 해지하는 경우

 - 해지환급금을 기타소득으로 보아 소득세 과세(16.5% 원천징수)되며, 기타소득금액이 300만원 이상인 경우 종합소득세 합산 신고 대상임.
 - 기타소득 = 해지로 인하여 받은 환급금 – 실제 소득공제받은 금액을 초과하여 납입한 금액의 누계액

11

사업용 대출에 대한 이자비용을 인정못받을 수도 있나요?

포인트

사업주의 명의로 자금을 조달하고 사용 시에는 자금출처와 지출 증빙을 구비해야 합니다. 개인용도로 사용하면 이자비용을 인정 받을 수 없을 수도 있습니다.

김약사: 이번에 인테리어를 추가로 해야 하는데 추가로 대출을 받아야 할 것 같습니다. 대출을 알아보니 와이프가 공무원이라 아내 이 름으로 대출을 받는 게 이자부담이 더 적습니다. 실질과세 원칙이니까 와이프 이름으로 대출을 받아도 될까요?

팜택스: 사업자의 경우에는 원칙적으로 사업주 명의로 되지 않으 면 세무서에서 이자비용에 대해 경비를 부인할 가능성이 높습니다. 해당 차입금이 약국 사업과 관련이 있고, 차입금과 이자비용을 실질적으로 국 장님이 상환했다는 사실을 입증할 수 있어야 합니다.

금융기관이 아닌 지인으로부터 빌린 경우 이자를 지급해야 한다면 필 요경비로 인정받을 수 있습니다. 그러나 이 경우에는 이자를 지급할 때 비영업대금의 이익에 대한 27.5%(지방소득세 포함)를 원천징수하고 원 천세 신고를 해야 합니다.

그리고 대출을 받을 때는 대출받은 금액을 어디에 어떻게 쓸 건지 미리 생각해서 적절하게 인출해서 사용해야 합니다. 또 자금을 조달하거나 사용 시에는 천만 원 이상되는 금액은 자금출처와 지출증빙을 구비하는 것이 좋고, 현금으로 발생되는 금액은 대부분 통장에서 이체하는 형식으로 처리를 해야 문제가 생기지 않습니다. 약국의 보증금으로 지출하고자 한다면 임대차계약을 한 시기와 통장에서 인출하는 시기를 일치시키고 비품 구매나 인테리어 공사를 한다면 세금계산서 받는 시기와 계약서를 보고 통장에서 지급하는 것이 좋습니다.

🔵 김약사: 그런데 통장에서 이체하려고 보니 계약서 상 명의와 계좌번호상 명의, 세금계산서 상 명의가 다르게 되어 있습니다. 일단 지급하는 금액만 맞으면 되겠지요?

🔵 팜택스: 그렇지 않습니다. 실무적으로 정상적인 거래인지 여부는 자금관계가 명확하면 의심하지 않지만 자금관계가 불분명하면 사실 관계를 확인하게 됩니다. 지금 같이 통장 명의와 세금계산서와 계약서가 서로 다르면 세금계산서는 사실과 다른 세금계산서가 되고 대금을 받은 사람은 미등록사업자가 됩니다.

🔵 김약사: 사업용도로 대출을 받아 차입금으로 회계처리를 하였는데 갑자기 사정이 생겨서 일시적으로 개인용도로 사용하고 나중에 사업용계좌로 입금해도 문제가 될까요?

🔵 팜택스: 그렇습니다. 세무상으로 가지급금이라고 하는데 소득세법에서는 초과인출금이라고 합니다. 만약 부채의 합계액이 사업용자산의 합계액을 초과하는 경우 초과인출금 관련 차입금의 이자는 필요경비

로 인정받지 못하게 됩니다.

⬤ 김약사: 제 초과인출금 관련 이자는 필요경비로 인정받지 못한다는 의미는 무엇인가요?

⬤ 팜택스: 은행에서 차입하여 사업용 계좌로 받았고, 그동안 벌어들인 현금을 모두 사업용 계좌에서 인출을 해 가는 경우 사업용 자산(현금 등)이 부채보다 적은 경우에는 차입금의 이자는 경비처리가 부인 될 수 있습니다. 즉 초과인출금이 발생하는 경우 이자는 경비가 부인될 수 있습니다.

인테리어시설을 하기 위해 1억원을 대출받았다고 가정해 봅시다.
자산: 인테리어시설 1억원(감가상각방법 정액법, 내용연수 5년)
부채: 차입금 1억원
대출 이자: 연간 1천만원

인테리어시설을 1년 뒤 감가상각을 하게 되면 자산은 1억원에서 8천만원으로 감소하게 됩니다. 차입금은 1억원 그대로 있고 자산만 줄어들게 됩니다.

초과 인출금 = 2천만원 = 차입금 1억원 – 자산 8천만원
이자비용으로 인정받지 못하는 금액: 이자 1천만원 × (2천만원 / 1억원) = 200만원

따라서 감가상각자산을 살 때 대출을 받게 된다면 매년 대출금의 일부를 상환해야 초과인출금이 발생하지 않습니다.

12

약국을 인수하면서 발생한 권리금은 경비처리가 가능한가요?

포인트

사업용고정자산 포함한 양도소득 또는 기타소득으로 신고를 한 권리금은 영업권으로 무형자산상각으로 정액법에 의해 경비처리가 가능합니다. 만약 권리금없이 포괄양도양수계약서에 시설가액이 작성되어 있으면 시설가액만큼 동일하게 경비처리 가능합니다.

◖◗ 김약사: 권리금을 부가세와 소득세를 신고해야 하는 것은 알겠습니다. 그런데 소득세에서는 구체적으로 어떻게 경비처리를 하는지 알고 싶습니다.

◖◗ 팜택스: 앞서 양도하는 사업자의 경우 양도소득 또는 기타소득으로 소득세에 신고를 해야한다고 말씀드렸습니다. 양수하는 사업자의 경우 해당금액을 영업권으로 장부상 계상하여 정액법으로 감가상각하여 경비처리를 할 수 있습니다. 만약 권리금을 시설가액만 포괄양도양수계약서나 세금계산서 또는 계산서로 받았으면 그 금액만큼 영업권으로 계상하여 감가상각하여 경비를 처리 할 수 있습니다.

◖◗ 김약사: 권리금은 몇 년간 감가상각을 통해 경비처리가 가능한가요?

🔵 **팜택스**: 권리금은 5년간 감가상각을 통해 경비처리가 가능합니다.

⚫ **김약사**: 그런데 지금 인수하는 약국운영이 잘 안될 수도 있어서 2년 만에 폐업을 하는 경우에는 어떻게 되나요? 권리금 손해를 입었기 때문에 폐업할 때 전부 경비처리가 가능한가요?

🔵 **팜택스**: 아쉽게도 2년까지만 경비처리가 가능합니다. 나머지 3년치에 해당하는 권리금은 경비처리가 되지 않습니다. 다만, 권리금과 달리 시설장치(인테리어시설 등)은 원상회복의무 조항이 있는 경우에 시설물을 철거하는 경우 나머지 3년치에 해당하는 감가상각 금액도 전액 손금으로 인정을 받을 수 있습니다.

Ex. 양도양수시 권리금에 대한 계산
약국을 인수시 권리금이 10,000,000원이라고 가정했을 때,
양수인의 경우, 권리금 10,000,000원을 기타소득으로 원천징수 신고한다.
10,000,000원 × [1- 필요경비공제(60%)] = 4,000,000원
4,000,000원 × 22% = 880,000원을 원천징수 납부(소득세 20%, 주민세 2%)

양도인의 경우, 권리금 10,000,000원에 대해 880,000원을 제외한 9,120,000원을 받는다.
종합소득세 신고시 기타소득으로 잡혀있기 때문에,
수입금액 10,000,000원 - 6,000,000원[필요경비(60%)] = 4,000,000원이 소득금액에
합산되고, 권리금을 받을 때, 받지 않은 880,000원은 기납부세액으로 반영하여 신고한다.

13

포괄양수로 약국을 인수하려고 합니다. 유의해야 할 사항은 무엇인가요?

포인트

포괄양수도가 아니라면, 전문의약품은 계산서, 일반의약품은 세금계산서, 권리금(비품)등은 과면세 비율로 안분하여 (세금)계산서를 받아야 합니다. 포괄양수도로 인수한다면 의약품에 대해 심평원 청구 불일치에 대한 소명을 대비하여 약품별 목록리스트를 별첨으로 보관하길 바랍니다.

🔵 **김약사:** 약국을 폐업한 후 새로운 약국을 인수하려고 합니다. 포괄양수도로 하자고 합의를 봤는데 이경우 재고약에 대한 세금계산서 수수는 어떻게 되는 것인지요? 일반약 재고와 전문약 재고가 있고 인테리어등 시설자산 인수도 해야 하는 데 세금계산서는 수수하지 않아도 되나요?

🔵 **팜택스:** 세법상 포괄적이 아닌 부분적인 양수도인 경우에는 세금계산서를 수수하여야 하나 세법상 포괄양수도인 경우에는 세금계산서 수수를 면제해 주는 것입니다. 따라서 약국을 포괄양수도하여 포괄양수도 계약서를 작성하는 경우에는 일반약 재고와 전문약 재고, 그리고 약국의 시설자산에 대하여 양수도 약사님 쌍방이 세금계산서 수수를 하지

않아도 되는 것입니다.

약국을 양도하는 약사님 입장에서는 일반약, 전문약, 시설자산에 대하여 세금계산서를 발행없이 약국의 폐업에 따른 부가세 신고를 하시면 되고 양수하는 약사님 입장에서도 일반약, 전문약, 시설자산에 대하여 세금계산서 수취없이 포괄양수도 계약서를 근거로 재무제표에 세무상 반영하면 되는 것으로 골치아픈 부가가치세 문제가 해결되는 편리한 방법입니다.

🔘 **김약사**: 세금계산서를 발급받을 필요도 없고 부가가치세를 주고받지 않아도 되니까 편리한 방법이군요. 그럼 부가가치세 이외 다른 문제는 어떤 것들이 있을까요?

🔵 **팜택스**: 세법상 포괄양수도란 인적, 물적 모든 자산과 부채를 포괄적으로 양수도 하는 것을 의미하는 것입니다. 쉽게 설명하면 모든 것은 그대로인 채 대표자만 바뀌는 것이라고 보면 됩니다.

이러한 포괄양수도의 형식적, 실질적 요건을 갖추도록 계약서상 특약사항이 적절히 작성되어야 할 것입니다. 아울러 포괄양수도의 취지에 맞도록 양도하는 약국에 소속되었던 고용인에 대한 고용의 승계 문제 그리고 신규로 개업하는 양수하는 약국의 고용과 관련한 세액감면의 문제들을 다각도로 고려하여 최대한의 절세효과를 얻도록 포괄양수도계획이 설계되어 실행되어야 할 것입니다. 따라서 구체적 포괄양수도계약과 양수도 실행과 관련하여 사전에 전문가와의 상담이 필요한 분야입니다.

포괄양수도 계약을 하는 경우 포괄양수도 계약서를 작성합니다. 포괄양수도 계약서에는 양수, 양도하는 자산과 부채를 포함합니다.

양도하는 자산은 일반의약품과 전문의약품 그리고 시설장치와 비품이 대부분이고, 양도하는 부채는 거래처 잔고 금액이 해당합니다. 이를 포괄양수도 본문이나, 별첨에 부기하여 서명하고 교환합니다.

의약품 인수의 경우 심평원 청구 불일치에 대한 소명에 대비하여 약품별 목록 리스트를 별첨으로 보관하는 것이 좋고, 잔고인수 금액도 거래처 별로 기재하는 것이 좋습니다.

권리금 계약서는 포괄양수도 계약서와 별도로 작성을 하셔도 됩니다.

김약사의
직원채용

김약사와 팜택스의
약국개국세무

01

약국사업장에 직원을 채용하는데 유의 할 사항이 있을까요?

포인트

직원을 채용하게 되면 근로기준법 규정에 따라 근로계약서를 작성해야 하고, 급여지급 시 급여명세서를 교부해야 합니다.

🔘 **김약사:** 직원을 채용하려고 여기저기 알아보는 중입니다. 그런데 직원 채용 시에 유의해야 할 사항이 있을까요?

🔵 **팜택스: 직원을 채용하게 되면 근로계약서를 작성**해야 합니다! **근로계약서에는 필수기재사항이 기재**되어 있어야 하며(구체적인 기재 내용은 별도로 표로 정리한 내용 참고), 이를 서면으로 명시하여 교부하지 않을 경우 500만원 이하의 벌금이 부과됩니다. 그리고 종업원에게 급여 지급 시에는 급여명세서를 교부해야 합니다.

🔘 **김약사:** 그런데 막상 근로계약서를 작성하려니 막막합니다. 세부적으로 알려주시겠습니까? 표준근로계약서를 보니, 기간의 정함이 있는 경우, 기간의 정함이 없는 경우 등 종류가 너무 많더라구요.

🔵 **팜택스:** 기간의 정함이 있는 경우와 없는 경우의 표준근로계약서를 보면 근로계약 기간만 다릅니다. 계약직은 종료일까지 기재하고 정규직은 근로계약서 종료일에 "기간의 정함이 없음" 이라는 문구를 기재하

는 방식으로 통합해서 사용하시면 됩니다. 그리고 **법정근로시간 내(1일 8시간, 주 40시간)에서 하루에 몇 시간을 일할지 정한 시간을 기재**해야 하는데(이를 '소정근로시간'이라 합니다) **휴게시간은 4시간에 30분, 8시간인 경우 1시간 이상**을 주도록 소정근로시간 내에서 기재합니다. 근무일과 주휴일의 경우 요일까지 정확하게 기재해야 합니다. **월 급여에는 과세급여와 비과세 급여를 구분해서 기재**해야 나중에 신고할 때 혼동이 발생하지 않습니다.

⬤ 김약사: 그런데 급여명세서 교부는 무슨 말인가요?

⬤ 팜택스: **급여 지급시 의무 기재사항을 기재한 서류를 교부**해야 합니다. **성명, 생년월일, 사원번호 등 근로자를 특정할 수 있는 정보, 임금지급일, 임금총액, 기본급, 수당, 그 밖의 임금의 구성항목별 금액, 임금의 구성항목별 금액이 근로일수와 근로시간 등에 달라지는 경우 구성항목별 계산방법(연장, 야간, 휴일 근로의 경우 근로시간를 포함), 공제 항목별 금액과 총액 등 공제 내역 등이 기재된** 급여명세서를 사전에 카톡이나 메일로 보내기로 했으면 그렇게 보내도 괜찮습니다. **법에서 특별한 교부 양식을 정하지 않았기에 근로자가 확인 가능한 방법으로 교부하면 됩니다.**

⬤ 김약사: 직원 한 명 채용하려고 했는데 상당히 복잡하군요!

⬤ 팜택스: 모든 일을 직접 다 하려고 하지 말고, 관련 업무를 아웃소싱을 하는 것도 좋은 방법입니다.

1. 근로계약서 작성

2012년 01월 01일부터 근로자의 요구와 관계없이 교부하도록 의무화

〈근로조건 명시 사항〉

구 분	일반근로자	기간제 및 단시간근로자
근거	근로기준법 제17조	기간제 및 단시간근로자보호법 제17조
명시대상	1. 임금(구성항목, 계산방법, 지급방법) 2. 소정근로시간 3. 주휴일 4. 연차유급휴가 5. 취업장소와 종사업무 6. 취업규칙의 주요 기재사항 – 근로기준법 제93조의 1호–12호	1. 근로계약기간에 관한 사항 2. 근로시간·휴게에 관한 사항 3. 임금의 구성항목, 계산방법, 지급방법에 관한 사항 4. 휴일·휴가에 관한 사항 5. 취업의 장소와 종사하여야 할 업무에 관한 사항 6. 근로일 및 근로일별 근로시간
서면명시대상	위의 1~4	위의 1~6
적용사업장	상시근로자 5인 이상 5인 미만 적용:위의 1,3	상시근로자 5인 이상 5인 미만 적용: 위의 1~5
위반시 벌칙	500만원 이하 벌금	500만원 이하 가산세

2. 4대보험 가입신고

4대보험의 가입은 법적 강제성을 띄는 의무사항이기 때문에 신고기한을 넘기거나 혹은 허위로 신고하는 경우 가산세가 부과될 수 있음.

3. 급여명세서 교부의무

근로자에게 임금지급 시 급여명세서를 필수적으로 교부해야 하며, 미교부 시 1인당 최대 500만원의 가산세가 부과됨.

임금명세서에 기재되어야 할 필수사항은 ① 성명 ② 생년월일, 사원번호 등 근

로자를 특정할 수 있는 정보 ③ 임금 지급일 ④ 근로일수 ⑤ 총 근로시간 수 ⑥ 연장근로, 야간근로 또는 휴일근로를 시킨 경우 시간 수 ⑦ 임금 총액 ⑧ 기본급, 각종 수당, 상여금, 성과금, 그 밖의 임금의 항목별 금액(통화 이외의 것으로 지급된 임금이 있는 경우에는 그 품명 및 수량과 평가 총액) ⑨ 제⑧호에 따른 임금의 각 항목별 계산 방법 등 임금총액을 계산하는데 필요한 사항 ⑩ 법 제43조제1항 단서에 따라 임금의 일부를 공제한 경우에는 공제 항목별 금액과 총액

필수적 기재 사항의 예외로는 ① 일용 근로자의 경우 생년월일, 사원번호 등 근로자를 특정할 수 있는 정보 작성은 요청되지 않으며, ② 상시 4인 이하 사업장의 경우 근로기준법상 연장, 야간, 휴일근로에 대한 가산수당이 적용되지 않으므로, 연장·야간·휴일근로에 대한 근로시가 수 작성도 불필요

02

직원채용 시 어떤 세금혜택이 있나요?

> **포인트**
>
> **직원을 신규 채용시 경비처리 외에도 추가적으로 850만원~ 1,550만원까지의 세금이 공제되는 효과가 있습니다.**

김약사: 이번에 약국 개국 시 직원을 2명 정도 채용해서 약국을 개국하려 하는데 직원을 뽑게 되면 세금 효과가 얼마나 될까요?

팜택스: 기존에 약국을 전혀 운영하지 않았나요?

김약사: 네 처음 개국입니다.

팜택스: 포괄양수로 약국을 인수 받았나요?

김약사: 아닙니다. 순수하게 처음 개국하는 겁니다.

팜택스: 일단 직원을 고용하면 2가지 형태의 세금효과가 있습니다.

첫째, 직원의 인건비가 경비처리가 가능하여 세금효과가 있습니다. 둘째, 기존직원보다 더 증가하여 직원을 뽑는 경우 세금공제혜택을 받을 수 있습니다.

🔵◗ 김약사: 그럼 얼마나 세금효과를 받을 수 있나요?

🔵◗ 팜택스: 위에서 언급한 첫 번째 경비처리로 인한 세금 절감효과를 분석하면, 직원을 2명정도 고용한다고 하면 어느정도 약국 운영이 된다는 의미이고 이는 약국의 한계세율(최종적용받는 세율)이 24%~40% 사이라고 할 수 있습니다. 즉, 직원인건비의 24%~40%까지의 세금절감 효과가 있습니다. 즉, 연봉 3천만원정도 지급한다고 하면 세금효과는 7백2십만원에서 1천2백만원 정도의 세금절감 효과가 있습니다

둘째, 직원이 없는 상태에서 직원을 추가로 고용한 것이기 때문에 주 40시간 이상의 정규직 직원 세금 공제혜택을 받을 수 있습니다. 즉, 직원 1명당 850만원에서 1,550만원의 추가적인 세금공제를 3년간 받을 수 있습니다.

🔵◗ 김약사: 우와~ 연봉 3천만원 직원 1명을 고용하면 최소 1,570만원에서 최대 2,750만원까지 세금 감면을 받는 건가요?

🔵◗ 팜택스: 네 그렇습니다.

🔵◗ 김약사: 그런데 왜 처음 개국한건지, 포괄양수도를 한 건지를 물어 본 건가요?

🔵◗ 팜택스: 폐업하여 개국한 경우에는 폐업할 때의 직원보다 증가하여야 하고, 또 약국을 포괄양수하여 승계받을 직원의 경우 경비처리는 가능하지만 추가적인 세액공제(850만원~1,550만원)를 받을 수 없기 때문입니다.

김약사: 그럼 약국을 개국했다가 나중에 채용을 해도 똑 같은 감면을 받을 수 있는 건가요?

팜택스: 네 꼭 개국이 아니라도 약국을 운영중에 기존 직원보다 추가로 증가하는 경우는 적용을 받을 수 있습니다.

김약사: 직원을 뽑을 때 나이에 따라서 지원금액이 달라진다고 하던데 어떻게 되나요?

팜택스: 청년을 고용한 경우 좀 더 많은 지원을 해 줍니다. 이 경우 청년은 15세 이상 34세 이하인 사람을 말합니다.

김약사: 청년실업이 요즘 사회적 문제인데, 청년고용을 촉진하기 위한 세제 혜택이군요!

▣ 통합고용세액공제란?

해당 과세연도의 상시근로자수가 직전 과세연도의 상시근로자수보다 증가한 경우 다음에 따른 금액을 해당 과세연도와 그 다음 2개 과세연도 소득세에서 공제합니다. 공제 후 2년 이내 상시근로자수가 감소하는 경우 공제금액 상당액을 추징합니다.

구분		세액공제 금액
청년, 장애인, 60세이상, 경력단절여성	수도권	1,450만원
	수도권외	1,550만원
청년 외	수도권	850만원
	수도권외	950만원

(1) 상시근로자란?

근로기준법에 따라 근로계약이 체결된 내국인 근로자로서 다음의 해당되는 사람은 제외

① 근로계약기간이 1년 미만인 근로자. 다만, 계약갱신으로 1년 이상 근무시 1년 이상 근무하는 때부터 상시근로자

② 소정근로시간이 60시간 미만인 단시간근로자

③ 대표자와 그 배우자

④ 직계존비속(그 배우자 포함) 및 친족관계인 사람

⑤ 근로소득세 원천징수 및 국민연금, 건강보험료 납부사실이 확인되지 아니하는 자

(2) 청년 정규직 근로자란?

15세 이상 34세 이하인 사람을 말하며, 다음 중 어느 하나에 해당하는 사람을 제외. 다만, 병역을 이행한 경우에는 그 기간(6년 한도)을 현재 연령에서 빼고 계산한 연령이 34세 이하인 사람을 포함

① 기간제근로자 및 단시간근로자

② 파견근로자

(3) 장애인근로자란?

① 장애인복지법의 적용을 받는 장애인

② 국가유공자등예우및지원에관한법률에 따른 상이자

③ 5.18민주화운동부상자

④ 고엽제후유의증환자로서 장애등급 판정을 받은 사람

(4) 60세 이상인 근로자란?

근로계약 체결일 현재 연령이 60세 이상인 사람

(5) 경력단절여성이란?

경력단절여성이란 다음의 요건을 모두 충족하는 여성

① 해당 기업 또는 해당 기업과 동일한 업종의 기업에서 1년 이상 근무한 후 퇴직하였을 것(1년 이상 근무는 원천징수되었던 사실이 확인되는 경우로 한정)

② 다음의 결혼, 임신, 출산, 육아 및 자녀교육의 사유로 해당 기업에서 퇴직한 날부터 2년 이상 15년 미만의 기간이 지났을 것

: 퇴직한 날부터 1년 이내에 혼인, 퇴직한 날부터 2년 이내에 임신하거나 난임시술을 받은 경우, 퇴직일 당시 임신한 상태인 경우, 퇴직일 당시 8세 이하의 자녀가 있는 경우, 퇴직일 당시 초중등교육법 제2조에 따른 학교(초,중,고등학교등)에 재학중인 자녀가 있는 경우

③ 대표자 혹은 대표자와 친족관계가 아닐 것

03 최저임금과 4대보험 가입의 기준이 무엇인가요?

포인트

2025년 기준 최저임금 시급 10,030원이고 근무형태와 상관없이 한 달 60시간 이상 근무하거나 1개월 이상 근무 시 상용직으로 보고 4대보험 가입을 하셔야 합니다.

◖▶ **김약사:** 매월 160만원씩 지급하는 조건으로 아르바이트 한 명을 고용하려고 합니다. 아르바이트는 일용직이고, 세금이나 4대보험도 신경 쓸 필요도 없어서 연간 1,920만원 지급하면 되니 인건비 부담도 크지 않을 것 같습니다.

◖▶ **팜택스:** 아르바이트라고 해도 한 달에 60시간 이상 근무하면 4대보험에서는 상용직으로 보고 있습니다. **원칙적으로 월 60시간(주 15시간) 이상 근무하면 4대보험 가입대상자**로 보고 있고, **고용보험과 산재보험은 사용자와 동거친족은 가입대상자에서 제외**하고 있습니다. 건강보험과 산재보험은 연령과 무관하지만, **국민연금은 60세 이상은 가입대상에서 제외**되고, **고용보험은 65세 이상은 가입대상(실업급여 부문)에서 제외**됩니다.

◖▶ **김약사:** 그런데 친구 사업장에 가 보니 65세가 넘었는데도 고용보험을 부담하고 있던데요? 그리고 그 친구가 하는 말이 4대보험은 정산

을 하기 때문에 연말정산 하고 나서 추가로 납부를 해야 한다고 하던데 정말인가요?

🔵 **팜택스: 65세 이후에 고용된 경우 고용보험에 가입대상이 아니지만 65세 이전부터 가입이 된 경우에는 계속해서 고용보험을 납부**해야 합니다. 반면 국민연금은 60세 이전에 가입이 되었어도 60세가 되면 더 이상 부과하지 않습니다. 그리고 4대보험의 경우 원칙적으로 건강보험, 고용보험, 산재보험은 정산을 하지만, 국민연금은 정산을 하지 않습니다.

⚫ 김약사: 그렇군요. 아르바이트도 몇 달 이상은 근무를 한다고 봐야 하니 4대보험을 가입하고 상용직으로 신고를 해야 할 것 같습니다. 아침 9시에 출근해서 오후 6시까지 근무하니까 점심식사(휴게시간) 1시간을 제외하면 하루 8시간 근무가 되고, 주5일 근무니까 주 40시간(월 160시간) 근무시간으로 계산하여 최저임금은 1,577,600원(160×9,860원)으로 계산하면 될까요?

🔵 팜택스: 그렇게 오해하는 경우가 많은데, 법정근로시간 주 40시간에 주휴 8시간을 더해서 48시간을 월 단위로 계산하면 월 근로시간은 160시간이 아닌 209시간이 됩니다. 즉, 209시간에 최저시급을 곱해서 임금을 산정해서 지급해야 합니다. 여기서 209시간과 160시간의 차이인 49시간은 주휴수당으로 볼 수 있는데, 주휴수당은 주5일 근무로 주2일 휴무인 경우 2일 중 하루는 유급휴일(주휴일)로 보기 때문에, 유급휴일에 대해서 수당으로 지급하는 것입니다. 따라서 2025년 주40시간 사업장의 최저임금은 월 2,096,270원으로 계산해야 합니다. 그리고 해마다 최저임금이 인상되니 잘 확인해 보셔야 합니다.

I 월 근로시간 산정

1. 주휴수당

근로기준법 제55조에 따라 일정 조건을 충족한 근로자에게 유급휴일에 대해 지급되는 수당임.

※ 지급 기준

① 주 15시간 이상 근무

② 소정근로일 개근 : 근로계약서에 명시된 소정근로일에 모두 출근해야 함(1주 동안).

   * 조퇴나 지각은 결근이 아님.

③ 정규직, 아르바이트 등 근로형태에 관계없이 적용 : 근로시간이 짧으면 비례 계산하여 적용됨.

주 40시간 근로자(평일에 1일 8시간 근무 계약)가 5일 개근하면 1일의 유급휴가가 주어지므로 1일(8시간)의 임금을 추가로 계산해줘야 함.

1주일 급여는 40시간(5일치) + 8시간(1일치) = 48시간(6일치)을 기준으로 계산해야 함.

2. 1개월 기준으로 주수 산정

1개월은 몇 주인가의 답은 매 달마다 다르기 때문에 이를 평균적으로 관리하기 위해 1년 365일을 1주일의 날인 7일로 나누고 12개월로 나누면 1개월이 몇 주인지 값이 산정됨.

※ 365일 ÷ 7일 ÷ 12개월 ≒ 4.345주

3. 1개월 근로시간 산정

(주근로시간 40시간 + 주휴일의 기본근로시간 8시간) × 4.345주

= 208.5714시간 ≒ 209시간

Ⅱ 4대보험 가입대상

구분		국민연금	건강보험	고용보험	산재보험
가입 대상	연령	18세 이상 60세 이하	연령제한 없음	65세 미만	연령제한 없음
	외국인	외국인 국적 및 체류자격별로 상이하므로 개인별 확인하여 가입처리			
제외	적용 제외	① 타공적연금 가입자·수급자 ② 국민기초생활 수급자 ③ 만 18세 미만 (본인 동의)	① 유공자등 의료 보호대상자(선 택) ② 의료급여수급자	① 65세 이후에 고 용된 자(실업급 여만 제외) ② 타연금(공무원, 사학, 군인, 별정 우체국) 가입자 ③ 타 직장 고용보 험 가입자 ④ 사용자의 동거 친족	① 타연금 가입자 ② 사용자의 동거 친족
	초단시간 근로자*	미가입 원칙			
		220만원 이상 보 수 발생자는 가입 대상, 3개월 이상 근로시 근로자 희 망으로 가입가능	–	3개월 이상 근로시 가입대상	적용 제외 없음
	일용 근로자	1개월 미만 일용근로자 (단, 8일 이상 근무 시 가입대상 연금의 경우, 60시간이거나 월 220만원 이상인 경우에도 가입대상)		적용 제외 없음 (고용보험의 경우, 이중취득자에 한해 제외 가능)	

* 초단시간 근로자: 1개월간 소정근로시간이 60시간 미만인 사람(1주간의 소정근로시간이 15시간 미만인 사람을
포함)

04 일용근로자와 단시간근로자의 차이는 무엇인가요?

포인트

4대보험 기준으로 일용근로자는 1일 또는 1개월 미만(세법기준 3달 미만) 근로자를 말하고 단시간근로자는 매월 근무를 하지만 월 60시간에 미달하는 경우를 말합니다.

김약사: 정규직과 일용직만 있는 줄 알았는데, 다른 약국에서는 단시간근로자를 채용해서 신고하는 경우가 종종 있던데, 단시간근로자는 무슨 의미인가요?

팜택스: 세법의 경우 단시간근로자는 근로소득으로 연말정산을 하게 됩니다. 반면에 일용직근로자는 일당을 기준으로 15만원을 공제 후 55% 세액공제 한 금액에 6%세율을 적용해서 세금이 계산됩니다.

김약사: 완전히 다르게 세법이 적용되는 것 같군요. 매일 한두 시간씩 청소 하시는 아주머니와 주말에만 근무하는 약사님 같은 경우 단시간근로자 규정이 적용될 수 있을 것 같은데 4대보험에서는 어떻게 적용될까요?

팜택스: 일용직의 경우 원칙적으로 1개월 이상 근무하면 4대 보험이 모두 적용된다고 봐야 합니다. 그리고 단시간근로자의 경우 월 60

시간 이상 근무 시 4대보험이 모두 적용됩니다. 즉, 일용직은 1개월 미만 근무하는 경우에 주로 해당되고 단시간근로자는 1개월 이상 근무하지만 월 60시간 미만 근무하는 경우 해당 됩니다.(이를 '초단시간 근무'라고 구별해서 얘기합니다) 그리고 월 60시간 이상 근무한다면 일단 정규직으로 생각해야 합니다. 월 60시간에 미달하는 단시간근로자의 경우 건강보험은 가입할 필요가 없고 3개월 이상 근무 시 고용보험과 국민연금에 가입해야 합니다. 물론 산재보험은 무조건 가입해야 합니다.

◖◗ 김약사: 그럼 일용직의 경우 월 8일 이상 근무를 하게 되면, 4대보험 공단에는 일용직이 아니고 단시간근로자로 신고하는 것이 유리하겠군요!

◖◗ 팜택스: 신고만 그렇게 하면 안 됩니다. 사전에 **단시간근로계약서를 만들어 놓고 근무조건에 대해서 명확하게 기술**해야 서로 오해가 없습니다. 단시간근로자라 할지라도 기간의 정함이 없이 근로계약을 체결하는 한 해고 시에 정당한 해고 사유가 있어야 정당한 해고가 됩니다. 하지만 일정 기간을 정한 경우에는 계약기간의 만료로써 계약관계가 종료하게 됩니다.

05 4대보험의 신고는 어떻게 해야 하나요?

포인트

직원이 1인 이상 생기면 당연가입사업장이 되어 건강보험은 14일 이내, 국민연금, 고용보험, 산재보험은 다음 달 15일 이전에 4대보험 공단에 사업장성립신고와 취득신고를 하면 됩니다.

 김약사: 4대보험을 보니 세법 못지않게 어렵고 복잡한 것 같습니다. 그리고 가입대상자에 따라서 신고방법도 다른데 어떤 부분을 유의해야 할까요?

 팜택스: **직원이 1인 이상 생기면 당연가입사업장이 되어서 건강보험은 14일 이내, 국민연금, 고용보험, 산재보험은 다음 달 15일 이전에 4대 보험 공단에 사업장성립신고와 취득신고를** 하면 됩니다.

 김약사: 그렇군요. 그런데 두 달 전, 20일에 사업장 가입신고와 취득신고를 했습니다. 직원 한 명이고 월급 200만원으로 신고했는데, 4대보험이 160만원 정도가 나왔습니다. 4대보험이 월급하고 비슷하게 나온다는 게 말이 됩니까? 그리고 가입신고를 하면서 피부양자를 올렸는데, 피부양자 때문에 4대보험이 많이 나온 건가요?

◖◗ 팜택스: 개인사업자는 소득금액과 근로자 최고 보수 중 큰 금액을 기준으로 건강보험을 부과하고 있는데, 처음 직원가입 신고를 하면 사업주도 같이 직장가입자로 4대보험에 가입이 됩니다. 따라서 직원 한 명 월급은 200만원이지만 사업주도 동일한 금액 이상으로 가입이 되니, 두 사람을 합산하면 매월 400만원 기준으로 4대보험이 부과가 됩니다. 4대보험료율이 20% 가까이 되는데, 사업장 가입신고와 취득신고를 14일 이후에 할 경우 다음 달에 2개월 분이 합산해서 부과되어 160만원 정도가 부과된 것입니다. 즉, 월 보험료는 80만원 정도로 적정하게 부과된 것으로 보입니다. 그리고 피부양자를 등록했다고 추가 부담하는 보험료는 없습니다.

06 4대보험은 정산을 한다고 하는데, 기준과 시점을 알 수 있을까요?

포인트

직원의 경우 건강, 고용보험은 퇴사 시 정산을 합니다. 산재보험도 정산을 하지만 사업주가 전액 납부를 하기에 근로자와는 별도로 정산하지 않습니다. 국민연금은 따로 정산을 하지 않습니다. 사업주는 종합소득세 신고 이후에 건강보험만 정산을 합니다.

🔵 **김약사:** 국민연금 이외의 4대보험은 원칙적으로 정산을 한다고 하셨는데 절차와 시기는 어떻게 됩니까?

🔵 **팜택스: 퇴사한 경우 퇴사 시 정산**을 하고, **재직자의 경우 근로소득의 연말정산(익년 3월10일)이 끝나고 나서, 국민연금을 제외한 3개 보험(건강·고용·산재)은 보수총액신고를 하면 4월에 정산**이 이루어집니다. 정산이라는 의미는 1년간의 급여신고 금액을 확인해서 월평균급여를 산정한 후 실제 작년에 부과된 보험료와 비교하는 과정으로, 적게 냈으면 추가로 납부하고 많이 냈으면 환급을 받을 수 있습니다. 그래서 근로자의 경우 연말정산한 금액을 기준으로 하고 **사업주의 경우 5월(성실신고확인대상 사업자는 6월)에 소득세 신고 후 정산**이 이루어집니다.

🔵 **김약사:** 결국 정산은 작년에 신고한 보험료와 납부한 보험료의

차이를 보수총액 신고를 통해서 확인한 후 차이금액을 주고받는 것으로 보입니다.

🔵 **팜택스**: 올해 부과되는 보험료는 사실상 작년 보수와 소득을 기준으로 부과하는 것입니다. 즉, 종업원은 3월 연말정산을 하면 작년 월평균급여가 계산되고 이 금액으로 올해 4대보험이 부과됩니다. 그리고 사업주는 5월이나 6월 종소세 신고 시 소득금액을 월평균 소득을 계산해서 올해 4대보험이 부과됩니다. 보수와 소득이 확정이 사실상 1년 후에 이루어지기 때문에 4대보험 부과 시점에는 정확한 금액을 확인할 수 없어 부득이하게 작년 보수와 소득을 기준으로 부과하게 되고 정산을 하게 됩니다.

⚪ **김약사**: 사업주의 경우 사업소득 결산을 해봐야 확정되기 때문에 그렇다고 하시는 것은 이해가 되는데, 종업원의 경우 처음부터 신고를 정확하게 했다면 당연히 정산할 금액도 없어야 하지 않을까요?

🔵 **팜택스**: 종업원이 입사 시부터 퇴사 시까지 동일한 금액의 급여만 받고, 상여나 수당 등 다른 금액이 전혀 없다면 정산할 금액이 없는 것이 맞습니다. 그렇지만 현실적으로 급여가 해마다 조금씩 인상되고 상여금이나 수당이 조금씩 지급되기 때문에 당초에 신고한 월평균급여와 차이가 발생하고 정산 시 추가로 납부해야 하는 보험료가 발생하는 것입니다.

⚪ **김약사**: 그렇군요. 그리고 건강보험의 경우 11월에도 보험료가 인상되는 경우가 있던데 그건 왜 그런가요?

팜택스: 건강보험공단에서는 매년 지역가입자의 보험료를 소득과 재산세과세표준 등 변동 분을 반영해서 기준소득을 재산정하여 변경된 기준에 따라 11월부터 보험료를 부과하고 있기 때문에 매년 11월에 보험료가 인상되는 경우가 있습니다. 하지만 사후정산이 아니라서 소급하지는 않고 있습니다.

〈소득총액 및 보수총액 신고 후 적용기간〉

구 분	국민연금	건강보험	고용 및 산재
근로자	당해 7월 ~ 다음 해 6월	당해 4월 ~ 다음 해 3월 정산보험료 4월 부과	정산보험료 4월 부과
사용자	당해 7월 ~ 다음 해 6월	당해 6월(성실 7월) ~ 다음 해 5월(성실 6월) 정산보험료 6월 부과	해당 없음

07

4대보험료 요율과 두루누리 지원사업 요건은 무엇입니까?

포인트

근로자 부담분과 사용자부담분으로 나누어져 있으며 요율 변동 가능성이 있으니 매년 확인을 해야 합니다. 두루누리 사회보험료 지원사업은 국민연금과 고용보험의 경우 최대 80%까지 지원하는 사업입니다.

김약사: 직원을 채용하고 나니 4대보험료도 만만치 않습니다. 건강보험공단에서 징수는 같이 하고 있지만 4대보험 요율은 얼마나 됩니까?

팜택스: 2025년 4대보험료 요율은 아래의 표와 같습니다. 여기에서 고용안정과 산재보험은 업종별로 다르지만 약국 업종이며, 종업원 150인 미만의 경우에 해당하는 비율입니다.

구분	건강보험	요양보험	국민연금	고용보험	산재보험	합계
본인	3.5450%	0.4591%	4.500%	0.900%	0.000%	9.404%
사업주	3.5450%	0.4591%	4.500%	1.050%	0.008%	9.562%
합계	7.09%	0.9182%	9.000%	1.950%	0.008%	18.966%

김약사: 그럼 4대보험이 20% 정도 되니 월급 200만원 지급하면 약 40만원을 4대보험으로 부담해야 한다는 말이군요. 그런데 개업할 때

받은 홍보자료를 보니 종업원을 채용하면 지원해주는 제도가 있다고 하던데, 그게 뭔가요?

🔵 팜택스: 가장 대표적인 지원제도가 **두루누리 사회보험료 지원사업이 있는데 국민연금과 고용보험의 최대 80%까지 지원**해 주는 제도입니다. 일단 두루누리 지원금을 받으려면 2025년의 경우 약국은 **10인 미만 사업장이어야 하고, 근로자는 월평균보수 270만원 미만, 신청일 기준 1년 이내 연금, 고용보험 가입 이력이 없을 것, 재산세과세표준이 6억 미만, 전년도 소득 4,300만원 미만**이 되어야 합니다. 그리고 **전달 보험료를 기한 내에 모두 완납**해야 다음 달 지원이 됩니다.

⚫ 김약사: 재산세과세표준까지 확인해야 한다면 개인정보를 모두 조회하지 않으면 지원여부를 사전에 확인하기 힘들 것 같습니다. 홍보자료에는 무조건 다 주는 것처럼 되어 있던데, 이렇게 하면 못 받는 경우가 더 많을 것 같습니다.

🔵 팜택스: 네, 게다가 전달 보험료를 기한 내에 모두 완납해야 한다는 말의 의미는 일부라도 연체가 되면 미납한 것으로 보아 다음달 지원 대상에서 제외된다는 것입니다. 그러니 매달 자동이체를 신청해 두었을 경우 통장 잔액이 부족해서 이체되지 못하는 경우가 발생하지 않도록 매달 확인할 필요가 있습니다.

> ※ **두루누리 사회보험료 지원사업이란?**

소규모 사업을 운영하는 사업주와 소속 근로자의 사회보험료(고용보험·국민연금)의 일부를 국가에서 지원함으로써 사회보험 가입에 따른 부담을 덜어주고, 사회보험 사각지대를 해소하기 위한 사업

1. 지원대상

근로자 수가 10명 미만인 사업에 고용된 근로자 중 월평균보수가 270만원 미만인 신규가입 근로자와 그 사업주(2021년부터는 신규가입자에 대해서만 지원)

* 신규가입자 : 지원신청일 직전 1년간 고용보험과 국민연금 자격취득 이력이 없는 근로자
* 기가입자 : 신규가입자에 해당하지 않는 근로자(2021년부터 지원되지 않음)

2. 지원수준 및 지원기간

(지원수준) 신규가입 근로자 및 사업주가 부담하는 고용보험과 국민연금보험료의 80%이나 연금보험료 지원금 중 최대 165,600원, 고용보험은 최대 16,560 지원된다.(지원 상한액, 25.01.01. 개정)

① 기준소득월액 230만원 이하: 연금, 고용보험료의 80% 지원
② 기준소득월액 230만원 초과: 연금보험료는 165,600원, 고용보험료는 16,560 원 지원
③ 지원기간: 36개월

3. 지원 제외대상

지원 대상에 해당하는 근로자가 아래의 어느 하나라도 해당되는 경우에는 지원 제외된다.

• 지원신청일이 속한 보험연도의 전년도 재산의 과세표준액 합계가 6억원 이상인 자
• 지원신청일이 속한 보험연도의 전년도(소득자료 입수 시기에 따라 보험연도의 전년도 또는 전전년도) 종합소득이 4,300만원 이상인 자

08 직원 해고 시 주의해야 할 사항은 무엇인가요?

포인트

근로기준법상 해고는 정당한 사유와 적법한 절차를 통해 이뤄져야 합니다. 둘 중 하나라도 충족하지 못하면 5인 이상 사업장의 경우 부당해고에 해당 될 수 있습니다. 또한 경영상 이유에 의한 해고를 포함해서 적어도 30일 전에 예고해야 하며 하지 않을 경우 해고예고수당(통상임금 30일분)을 지급해야 합니다.

🔵 **김약사:** 처음에는 직원이 열심히 일을 하는 것 같았는데 최근에는 근무시간에도 딴 짓을 많이 하더니 자주 결근까지 해서 몇 번 주의를 주다가 며칠 전에 그만두라고 했습니다. 그런데 오늘 노동부에서 전화가 와서 직원이 저를 부당해고로 고발을 했다고 합니다. 그리고 퇴직금과 연차수당, 해고예고수당까지 요구하고 있다는데 어떻게 해야 하나요?

🔵 **팜택스:** 김약사님은 직원을 해고할 당시 상시 근로자가 5명이 안되므로 해당 직원은 정당한 이유가 없는 해고라도 부당해고 구제 신청할 권리가 없습니다(근로기준법상 5인 미만은 미적용). 그래서 연락이 노동부에서 온거 같네요. 즉, 부당해고는 노동위원회에 접수를 하게 되는데 그곳에 접수는 하지 못하고 노동부를 통해 금전적 권리를 주장하게 된 것 같습니다. 금전적 항목을 살펴보면, 우선 퇴직금을 보면 직원의 근무

기간이 1년 미만이므로 퇴직금이 발생하지 않습니다. **연차유급휴가의 경우도 상시 5인 이상 사업장부터 의무적용이 되므로 김약사님의 약국에는 연차유급휴가가 의무 적용되지 않습니다.** 하지만 **5인 미만 사업장에도 해고예고 규정은 적용**되니 해고예고수당(통상임금 30일분)을 지급해야 합니다.

⬤▶ 김약사: 그런데 직원이 주 40시간 이상 근무한 날이 많다고 하면서 일자 별로 근무한 시간까지 적어서 제출했다고 합니다. 그럼 연장 근로한 시간에 대해 50% 할증임금을 지급해야 하나요? 물론 5인 미만 사업장에 대해서 근로기준법이 모두 적용되지 않는 것은 알지만 구체적으로 어떻게 하라는 건지 잘 모르겠습니다.

⬤▶ 팜택스: 근로기준법 제56조에는 연장·야간·휴일 근로에 대해서는 통상임금의 100분의 50 이상을 가산하여 지급하여야 한다고 규정하고 있습니다. 이 규정은 상시 **5인 미만 사업장에는 현재 적용되지 않습니다. 그러므로 상시 근로자 5인 미만 사업장은 현재 근로시간에 대한 제한이 없고 연장근무를 해도 임금할증 규정은 적용되지 않지만 해당 직원의 시급으로 정산은** 해야 합니다. 근로시간의 구체적인 사안은 근로자와 사업주가 합의해서 일을 할 수 있다는 의미로 보아야 합니다. 그리고 앞으로 직원이 근무시간에 업무와 무관한 일을 하고 있을 시 구두로만 하지 말고 서면으로 확인서를 받아두는 것이 좋습니다.

⬤▶ 김약사: 서류는 없지만 카톡이나 문자로 주의를 준 적은 있습니다. 그럼, 앞으로는 확인서를 만들어 두어야 할 것 같은데 확인서에는 어떤 내용이 포함되어야 할까요?

⬤▶ 팜택스: 카톡이나 문자를 보낸 것도 의미가 있지만, 확인서(서면)

는 더 강력한 효력이 있다고 할 수 있습니다. **확인서에는 경고(구두, 카톡 등)가 있었던 사실(시간과 장소, 횟수)을 기록하고 문제 행위에 대해 요청한 내용과 위반 시 조치 예고 및 직원이 대답했던 내용이 포함**되어야 합니다.

※ 직원 해고 시 유의해야 할 사항

1. 해고예고수당

   해고 시에는 해고의 예고를 해야 하며 사업주는 근로자를 해고할 때 해고예고수당을 지급하지 않기 위해서는 최소한 30일 이전에 통보하거나 30일분 이상의 통상임금을 지급해야 한다.

2. 해고사유 등의 서면통지

   또 하나, 해고 시에는 사용자는 근로자를 해고하려면 해고사유와 해고시기를 서면으로 통지하여야 한다. 만약 해고예고를 할 때 해고사유와 해고시기를 명시하여 서면으로 한 경우에는 해고사유의 서면통지를 한 것으로 본다.

3. 해고 시기의 제한

   해고는 취업규칙 등 회사의 징계 및 해고 규정에 근거하여 행해지지만, 해고 사유가 정당한 경우에도 근로기준법 제23조 제2항, 남녀고용평등과 일·가정 양립지원에 의한 법률에 의거 해고 시기를 제한하고 있다.

   사업주는 업무상 부상·질병의 요양을 위한 휴업한 기간과 그 후 30일, 출산 전후 휴가기간과 그 후 30일간, 육아휴직 중에 있는 자에 대해서는 법에서 해고 시기를 제한하고 있다. 그러므로 해당 시기에는 해고하면 안된다.

   다만, 사업주가 근로기준법 제84조에 규정된 일시보상을 한 경우 또는 사업 계속이 불가능한 경우에는 해고제한 기간에도 해고 가능하다.

4. 기타 주의 사항

   해고사유는 반드시 서면으로 통지해야 하며, 서면 통지가 없는 해고는 무효로 간주한다.

직원채용

연차유급휴가는 어떻게 실시해야 할까요?

> **포인트**
>
> 5인 이상 사업장의 경우 연차유급휴가를 주어야 하며, 연차유급 휴가를 실시하지 못한 경우 연차수당을 지급하여야 합니다.

🔵◗ **팜택스**: 오늘은 좀 피곤해 보이는데 어제 무슨 일이 있었나요?

⬤◗ **김약사**: 개업하고 나서 어제 저녁에 처음으로 회식을 했는데 직원들의 건의사항이 많아서요. 나름대로는 직원들 입장에서 잘 해주고 있다고 생각했는데 무슨 불만이 그렇게 많은지 모르겠습니다.

🔵◗ **팜택스**: 무슨 일 때문에 그러는지, 한번 이야기해 보시기 바랍니다.

⬤◗ **김약사**: 동일 업종의 직원들은 전부 연차수당을 받고 있는데. 왜 우리는 연차수당을 주지 않느냐고 하더라구요! 연차수당이 뭡니까?

🔵◗ **팜택스**: **5인 이상 사업장의 경우 1년 이상 근속한 근로자에게 연간 15일간의 유급휴가를 부여하는 것이 연차유급휴가인데, 연차유급휴가를 실시하지 못하게 되면 연차수당을 지급**해야 합니다.

김약사: 일반적으로 토요일과 일요일은 휴무인데 1년이 50주가 넘으니, 주말만 쉬어도 연간 100일 이상은 쉬게 됩니다. 거기에다가 법정공휴일도 있는데, 연차까지 실시하게 되면 1년 중에 1/3이상을 휴무시켜야 한다는 건데. 이건 너무 많다고 봐야 하지 않을까요?

팜택스: 직원이 5인 미만인 경우 연차유급휴가나 수당을 지급하지 않아도 됩니다. 5인 이상의 경우 근로한 기간이 1년 미만인 근로자 또는 1년간 80퍼센트 미만 출근한 근로자에게 1개월 개근 시 1일의 연차를 지급해야 한다고 되어 있습니다. 그리고 3년 이상 근무시 2년마다 하루씩 증가하는데 25일을 한도로 적용하고 있습니다. 3년차에는 16일, 5년차에는 17일, 이런 식으로 해서 21년차가 되면 25일까지 됩니다.

김약사: 그럼 만 1년 근무를 하면, 1년동안 11개 발생하는 연차와 1년이 되면 15개 발생하는 연차를 모두 부여해야 하는 것인가요?

팜택스: 최근 고용노동부는 **만 1년 근무 후 퇴직한 근로자는 최대 11개의 휴가(매월 개근시 발생하는 1일의 연차휴가)가 발생**하는 것으로 해석을 변경했습니다. 즉, 신규 입사 후 첫 달 개근 시 다음 달부터 매월 발생하는 1개의 연차만 부여하시면 됩니다. 한편, 만 1년을 근무하고 하루라도 더 근무하고 퇴직하게 되면 전년도에 최대 11개 발생한 연차 외에 1년 만근 후 15개 발생하는 연차까지도 부여가 되어야 합니다.

※ 연차유급휴가

근로자에게 원하는 시기에 휴식을 제공하고 재충전을 하여 생산성 향상 등의 목적으로 유지되는 "유급"휴가이다. 이를 위반 할 시에는 2년 이하의 징역 또는 1,000만원 이하의 벌금에 처해진다.

(1) 연차유급휴가의 기본운영단위

연차유급휴가는 1년간의 근로에 대한 보상이다. 특정 근로자가 사업장에서 1년 동안 근속할 경우(출근율 80% 이상), 이에 대한 보상으로 그 다음해 1년 동안 휴가를 사용할 수 있으며 이 1년간 휴가를 사용하지 못한 경우에는 연차유급휴가 미사용수당을 받을 수 있다.

(2) 1년 미만자의 연차유급휴가

1년 미만자의 경우 근로기준법에 1개월 개근 시 1일의 연차를 부여한다고 규정되어 있다. 그러므로 작년에 입사한 직원은 매 1개월 만근 시 발생하는 연차휴가 최대 11개와 1년간 80% 이상 개근 시 부여되는 15일 연차휴가를 합하면 총 26개의 연차휴가가 발생한다.

(3) 연차유급휴가의 일수 가산

1년간 80% 출근율 이상의 근로자에게는 15일의 휴가가 주어지며 3년 이상 계속 근로한 근로자의 연차유급휴가는 매 2년당 1일의 연차휴급휴가가 가산되며 25일 한도이다.

근속년수	1년	2년	3년	4년	5년	9년	15년	20년	21년	25년
연차개수	15일	15일	16일	16일	17일	19일	22일	24일	25일	25일

(4) 연차휴가 산정 기산점

개별 근로자의 입사일 기준으로 개별적으로 진행하는 것이 원칙이나 사업장에서 개별 산정이 어려운 경우에 특정시점(회계년도)을 정해서 근로자의 연차휴가를 일괄적으로 계산하기도 한다.

이 때 회계연도 기준으로 연차유급휴가 산정 시에는 입사년도 기준으로 한 유급휴가의 법정기준을 상회해서 지급하도록 설계하여야 한다.

(5) 연차유급휴가 예외

1) 4주 평균 15시간 미만 근로하는 자는 연차유급휴가가 발생하지 않는다.

2) 상시 5인 미만의 근로자를 사용하는 사업자의 경우에도 연차유급휴가 규정이 적용되지 않는다.

10 연차수당의 대안은 어떤 것이 있을까요?

포인트

연차촉진제도는 근로자에게 서면으로 연차사용을 통보하는 것으로, 연차수당의 대안으로 사용할 수 있습니다.

🔵🔘 **김약사**: 어제 친구와 약속이 있어서 연차수당에 대해서 이야기 했더니, 그 친구는 직원들이 연차유급휴가를 사용하지 않아도 연차수당을 지급하지 않고 있다고 하더군요? 그게 가능한가요?

🔵🔘 **팜택스**: 연차수당을 지급하지 않을 수 있는 대안으로 연차촉진제도가 있습니다. **연차촉진제도는 근로자에게 서면으로 연차사용을 서면으로 통보하고 근로자는 연차사용시기를 서면으로 미리 결정**하는 것이라고 할 수 있는데, **연차 만료 6월 전과 2월 전에 서면으로 통지**를 하도록 되어 있습니다.

🔵🔘 **김약사**: 서면으로 통보하고 결정하는 게 무슨 의미가 있습니까? 결국 연차를 못 가게 되더라도 통보만 하면 연차휴가를 간 것으로 처리할 수 있다는 말인가요?

🔵🔘 **팜택스**: 종업원의 입장에서는 연차를 사용하고 싶어도 제대로 신청도 못 할 수가 있으니, 연차사용시기를 서면으로 작성하도록 하면, 연

차를 사용하기가 훨씬 수월해지는 장점이 있습니다. **연차 유급 휴가의 사용을 촉진하기 위하여 조치를 하였음에도 불구하고 근로자가 휴가를 사용하지 아니한 경우 사용자는 그 사용하지 아니한 휴가에 대하여 보상할 의무가 없습니다.**

11 퇴직금은 어떻게 산정합니까?

포인트

퇴직금은 평균임금에 재직기간 1년당 1개월을 곱하여 계산하는데, 이 때 평균임금이 통상임금보다 적은 경우 통상임금을 평균임금으로 산정하여 계산해야 합니다.

김약사: 1년 동안 근무한 직원이 퇴사하면서 퇴직금을 지급하게 되었습니다. 월 기본급 200만원에 식대 20만원을 추가해서 월 220만원 지급이 되었기 때문에 퇴직금도 220만원 지급하기로 했습니다. 하루 8시간이고 주 40시간 근무를 했는데, 직원이 퇴직금 계산이 잘못 되었다는군요!

팜택스: **퇴직금, 휴업수당, 재해보상금 등은 평균임금으로 산정하도록 되어 있는데, 평균임금은 사유가 발생한 날 이전 3월간에 그 근로자에 대하여 지급된 임금의 총액을 그 기간의 총일수로 나눈 금액**입니다. 혹시 통상임금이 평균임금보다 높으면 통상임금으로 퇴직금으로 계산해야 한다는 내용을 이야기를 하는 건가요?

김약사: 맞습니다. 수당이나 상여 등이 없이 월 220만원 지급했습니다. 그럼 평균임금과 통상임금이 같은 것 아닌가요? 그런데 퇴사한

직원이 주장하는 바로는 통상임금이 평균임금보다 더 높다고 하거든요!

💬 팜택스: 7월말까지 근무를 했으니 직전 3개월 평균임금은 71,739원 (220만원×3개월÷92일)이고 퇴직금은 2,152,170원(71,739×30)인데, 통상임금은 84,210원(220만원÷209×8시간)이 되니 퇴직금은 2,526,300원 (84,210×30)이 됩니다.

💬 김약사: 예? 뭐가 그렇게 복잡합니까? 월급이 일정하면 퇴직금은 한달 월급이라고 생각했는데. 너무 복잡하게 퇴직금 산정을 하게 되어 있군요.

💬 팜택스: 통상임금이 평균임금보다 높은 경우는 결근이나 휴업 등 예외적인 상황인데, 일반적인 경우에도 통상임금이 더 높은 경우가 발생합니다. **통상임금은 한달의 일수를 평균일수인 30.4일로 계산되는 반면 평균임금은 최근 3개월 근무한 날 수로 계산하게 되는데, 이 때 31일까지 있는 월이 2개월 이상 포함되면 통상임금이 더 높아질 수 있습니다.**

💬 김약사: 저는 평균임금으로 산정한 경우보다 더 퇴직금을 많이 지급했는데. 그럼 처음부터 퇴직금은 평균임금과 통상임금을 비교해서 높은 금액으로 산정하라고 해야 하는 것 아닌가요?

12 퇴직금 중간정산은 어떤 경우에 가능합니까?

> **포인트**
>
> **퇴직금 중간정산 시 주택구입, 전세금 및 보증금, 질병, 파산, 천재지변 등 법정된 사유에 해당되는지 확인하여야 합니다.**

김약사: 종업원이 퇴직을 하지도 않았는데 퇴직금을 달라고 하는데요? 그냥 줘도 될까요?

팜택스: 퇴직금 중간정산을 임의로 할 수 있었던 때도 있지만, 지금은 법정 사유가 아니면 퇴직금을 중간정산하는 것을 인정하지 않고 있습니다.

김약사: 중간에 정산하게 되면 정산시점의 3월평균 급여로 퇴직금을 산정하니, 실제 퇴직시 퇴직금을 한꺼번에 받는 것보다 불리해서 그런 모양이죠? 그럼 법정된 사유는 어떤 것이 있습니까?

팜택스: 그러한 이유보다는 퇴직금의 목적이 퇴직 이후 생활 안정인데, 중간정산을 자유롭게 하다보면 실재 노후자금에 활용되지 못하는 문제 때문에 강화된 것입니다. **퇴직금 중간정산은 무주택자 본인명의 주택구입, 주거목적 전세금 및 보증금, 질병부상으로 6월 이상 요양, 5년 이내 파산 및 회생결정, 임금피크제, 천재지변 등**의 경우인데 종업원에게 관련

자료를 보내달라고 해서 확인한 후 지급하고 신고하는 것이 좋습니다.

🔘 **김약사**: 그런데 종업원이 위의 사유가 안 되는데도 퇴직금을 지급하고 신고하면 어떻게 될까요?

🔵 **팜택스**: 퇴직금을 지급해도 노동청이나 국세청에서는 인정되지 않으니, 실제 퇴사하는 시점에 또 퇴직금을 지급해야 하는 일이 생길 수도 있습니다.

13 퇴직연금가입의무와 확정급여형 및 확정기여형의 장단점은 무엇일까요?

포인트

기존 퇴직금과 동일하게 운영하려면 확정급여형(DB)이 적합하고, 사전에 퇴직금을 확정적으로 운영하려면 확정기여형(DC)이 적합합니다.

● 김약사: 퇴직연금 가입의무가 있다고 하던데요! 회계사님도 퇴직연금에 가입하셨나요?

● 팜택스: 2022년부터 퇴직연금에 가입하지 않으면 가산세를 부과한다는 말은 들었는데 아직까지 가산세는 없습니다.

● 김약사: 그런데 퇴직연금에는 확정급여형(DB)과 확정기여형(DC)이 있다고 하던데, 어떤 방식으로 가입하는 것이 좋을까요?

● 팜택스: **확정급여형(DB)은 회사가 퇴직연금을 운용하는 것**으로 사업장에서는 **퇴직 시에 퇴직금을 경비(퇴직급여)로 신고**하게 되고, **확정기여형(DC)은 근로자가 퇴직연금을 운용**하는 것으로 사업장에서는 **퇴직연금 납입 시에 경비(퇴직연금)로 처리가 된다는** 차이가 있습니다.

🔘 **김약사:** 일단 경비로 처리되는 시점이 다른 것 같기는 한데, 그건 크게 중요하지는 않은 것 같은데요. 다른 차이가 있을까요?

🔵 **팜택스: 확정급여형(DB)은 실재 퇴직할 때 최종 3개월 평균임금으로 퇴직금을 산정해서 퇴직금 수령이 확정적인** 반면, **확정기여형(DC)은 근로자의 퇴직연금 계좌에 입금할 당시의 보수액을 일단 회사에서 납입하고, 퇴직연금의 운용성과까지 포함하여 근로자에게 지급하는 것으로 운용성과에 따라 수령액이 달라질 수 있습니다.** 약국의 입장에서는 **확정급여형(DB)은 퇴직금과 동일한 금액이 지급되어 직원이 받아들이기 편할 것이나, 확정기여형(DC)은 매년 지급되는 급여에서 계산되므로 퇴직 시 추가부담을 최소화할 수 있습니다.**

🔘 **김약사:** 전에 친구가 퇴직금을 받고 보니 최종 3개월 평균임금보다 퇴직금이 적게 나와서 잘못 된게 아니냐고 이의를 제기했는데, 확정기여형(DC) 퇴직연금에서는 그럴 수도 있다고 해서 받아들여지지 않았다고 하더라구요.

🔵 **팜택스:** 확정기여형(DC)에서는 가입자별 연간 임금총액의 12분의 1이상의 부담금을 퇴직연금사업자에게 납부하면 특별한 사정이 없는 한 퇴직하는 근로자에 대한 급여 지급의무를 이행한 것으로 간주합니다. **대신 퇴직연금 운영기관의 투자를 통해 추가 이익이 발생한 경우 그 수익금은 근로자에게 귀속됩니다.**

14 출산휴가와 육아휴직은 어떻게 부여해야 합니까?

> **포인트**
>
> **5인 미만 사업장도 출산휴가와 육아휴직 의무가 있습니다.**

🔵 김약사: 열심히 일하던 직원이 임신을 해서 출산휴가를 가고 싶다고 합니다. 5인 미만 사업장은 출산휴가를 안 줘도 되지 않을까요?

🔵 팜택스: **5인 미만 사업장도 180일 이상 계속 근무한 직원에 대해서 90일(다태아는 120일) 이상, 출산 후 기간이 45일 이상 출산휴가**를 주도록 되어 있습니다.

🔵 김약사: 솔직히 5인 미만 사업장의 경우 한 사람이 빠지면 다른 직원이 두 배의 일을 해야 하기 때문에 새로 직원을 뽑아야 하고, 출산 후 복귀를 하면 신규 직원을 퇴사시켜야 한다는 것인데 현실적으로 무리입니다

🔵 팜택스: 그래서 출산휴가와 육아휴직을 같이 쓰는 경우가 많습니다. **육아휴직은 180일 이상 계속 근무한 직원에 대해서 만 8세 이하 자녀가 있는 경우 1년 이내**로 할 수 있습니다.

🔵 김약사: 그럼 1년 3개월 후에 복귀를 하게 되는 군요. 그 사이에

퇴사하는 직원이 생길 수도 있으니 시기를 잘 맞추어 봐야 할 것 같습니다. 그럼 4대보험은 어떻게 될까요?

🔵 팜택스: **출산휴가와 육아휴직 시 건강보험은 납부유예신청, 국민연금은 납부면제신청, 고용보험은 근로자 휴직 등 신고**를 해야 합니다.

⚪ 김약사: 출산휴가와 육아휴직을 하고 나서 복귀하지 않고 퇴사를 하면 어떻게 될까요?

🔵 팜택스: **출산과 육아로 퇴사를 하는 경우에도 실업급여를 신청할 수 있습니다.** 퇴사 사유를 육아로 해서 신고하면 실업급여를 받을 수 있습니다.

⚪ 김약사: 출산휴가 3개월, 육아휴직 12개월, 실업급여는 근무기간과 나이에 따라 120일에서 270일간 지급되니 총 19개월에서 24개월이 되는 군요! 우리나라는 아이를 낳게 되면 2년 가까이 쉴 수 있을 것 같습니다.

🔵 팜택스: **2025년 2월 시행된 모성보호 3법에서는 육아휴직 기간을 현행 2년에서 3년으로 늘리고 배우자 출산휴가를 10일에서 20일로 확대**하는 것으로 되어 있습니다. **육아휴직 기간을 총 2년에서 부모별 1년 6개월씩 총 3년으로 확대**하고, **사용 기간 분할도 2회에서 3회로 늘리도록** 개성되있습니다. **육아기 근로 시간 단축 대상 자녀 범위를 현행 8세에서 12세로 확대하였습니다.**

⚪ 김약사: 그런데 퇴직금도 주긴 해야 할 것 같은데, 실제 퇴직 시에는 2년 가까이 근무를 하지 않아서, 근무기간은 어떻게 해야 될까요?

🔵▮ 팜택스: **출산·육아·산재기간은 근무기간에 모두 포함해서 퇴직금을 계산하여야 합니다.**

🔘▮ 김약사: 그럼 출산·육아·산재시 근로자는 얼마 정도를 지원받게 됩니까?

🔵▮ 팜택스: **2025년 우선지원사업장의 경우 출산휴가는 통상임금의 100%(상한 30일 210만원, 하한 30일 60만원), 육아휴직은 1~3개월 통상임금 100%(최대 250만)**, **4~6개월 통상임금 100%(최대 200만)**, 7개월 이후 통상임금 80%(최대 160만), **실업급여는 평균임금의 60%(상한 일급 66,000원, 하한 일급 64,192원)**를 지원받게 되는데, 출산휴가는 사업장에서 일부를 지원해야 하는 경우가 발생할 수 있습니다.

(**※ 출산전후휴가 및 육아휴직**)

1. 출산전후 휴가 및 급여

   사용자는 임신 중 여성근로자에게 90일(출산 후 45일 확보)의 출산전후 휴가를 부여해야 합니다. 출산전후 휴가 중 최초 60일(다태아 75일)은 유급휴가이나 고용센터에서 출산전후 휴가 급여를 지급한 경우 그 만큼 사용자의 임금지급 의무가 면제됩니다.

2. 육아휴직은 출산 후 휴가 45일(다태아 60일) 이후부터 육아휴직대상 자녀범위가 만 8세 이하(만 9세가 되기 전) 또는 초등학교 2학년 이하(3학년 되기 전) 자녀는 1년 범위 내에서 사용할 수 있습니다.(법령개정 2014.1.14.)

3. 산전후 휴가기간 중 급여

근로기준법 제74조의 규정에 의하여 사업주는 임신중의 여성에 대하여 출산전후를 통하여 90일간의 보호휴가를 주되, 이 경우 반드시 산후에 45일 이상이 확보되도록 하여야 하며 출산전후 휴가 중 최초 60일분에 대하여는 사업주가 당해근로자의 통상임금 전액을 지급하여야 합니다

- 이 규정은 사업주 또는 근로자의 동의하에 선택할 수 있는 사항이 아닌 강행 규정이므로 사업주는 반드시 이를 이행하여야 하고, 만약 위반하였을 경우에는 근로기준법에 의하여 형사처벌을 받을 수 있습니다.

출산전후 휴가기간 중 최초 60일분에 대하여는 사업주가 지급하고, 60일을 초과하는 30일분에 대하여는 고용보험에서 지급함.(단, 우선지원대상기업의 경우 출산전후휴가기간 90일분을 고용보험에서 지급. 다만, 이 경우에도 최초 60일의 통상임금과 고용보험 급여와의 차액분은 사업주가 지급해야 함)

〈모든 사업장에 적용 / 5인 이상 사업장에만 적용되는 규정〉

모든 사업장에 적용	5인 이상 사업장에만 적용
① 근로계약서 작성 ② 최저임금 ③ 퇴직금 ④ 주휴일(유급주휴수당) ⑤ 휴게시간 ⑥ 해고예고(해고예고수당) ⑦ 출산 전·후 휴가 ⑧ 육아휴직	① 해고예고(정당한 이유 없이 해고가능 여부) ② 연차유급휴가 ③ 무급생리휴가 ④ 근로시간 ⑤ 가산수당(연장·야간·휴일근로)

"김약사의 부가가치세 신고"

김약사와 팜택스의
약국개국세무

부가가치세는 어떤 경우에 납부해야 하나요?

포인트

부가가치세는 재화와 용역의 공급에 대해서 과세하는 세금으로,
매출세액에서 매입세액을 공제한 금액을 신고납부하여야 합니다.

🔵 김약사: 부가가치세라는 용어가 생소한데 무슨 세금인가요?

🔵 팜택스: 부가가치세는 생산 및 유통과정의 각 단계에서 창출되는 부가가치에 대하여 부과되는 조세입니다. **부가가치세 과세대상은 재화와 용역의 공급**인데, 과세대상이 되는지 확인해 보는 게 중요합니다.

약국의 경우 일반약은 부가가치세 과세 대상이고 전문약은 부가가치세 면세 대상입니다. 그래서, 일반약을 판매할 때는 소비자로부터 공급가액 의 10%의 부가가치세를 더 받고 판매를 하게 되는 겁니다.

🔵 김약사: 부가가치세 계산방법은 어떻게 됩니까?

🔵 팜택스: 전문약은 부가가치세 과세 대상이 아니므로, 일반약을 대상으로 설명드려 보겠습니다.

일반과세자의 경우 부가가치세율은 10%인데, 부가가치세는 전단계세

액공제법을 채택해서 세부담을 전가하고 있습니다. 예를 들어 공급가액이 50만원인 일반약을 제약업체로부터 구매해서 공급가액을 100만원으로 하여 판다고 했을 때, 구매할 때와 팔 때 각각 공급가액의 10%를 부가가치세로 내거나 받게 됩니다. 즉, 살 때는 55만원(부가가치세 포함)을 주고 구매한 후, 팔 때는 110만원(부가가치세 포함)을 받고 팝니다. 부가가치세는 살 때 5만원과 팔 때 10만원이 되는 데, 살 때 발생하는 부가가치세가 매입세액이고, 팔 때 발생하는 부가가치세는 매출세액이 되어, 매출세액에서 매입세액을 공제한 후 매출세액이 더 많으면 납부를 해야하고, 매입세액이 더 많으면 환급을 받게 되는 구조라고 할 수 있습니다.

⬛ **김약사:** 그런데 부가가치세 만큼 물건가격이 인상되어 물건을 파는 데는 불리하고, 사업자에게는 세부담이 실제 발생한다고 생각합니다. 그리고 어떤 사람은 사업이 계속 손실인데 부가가치세를 계속 내고 있다고 화를 내더군요.

🔵 **팜택스:** 앞에서 살펴본 것처럼 공급 사슬을 따라가다보면, 부가가치세는 최종 소비자가 납부하는 세금입니다. 사업자는 소비자로부터 부가가치세를 받아 국세청에 대신 납부하는 역할을 수행하는 것 뿐입니다.

즉, 부가가치세는 약국장님의 이익도 아니고 손실도 아닙니다. 일반약 판매 비중이 높아 부가가치세 신고 때 부가가치세를 한 번에 많이 납부해야 한다면 적금 통장처럼 부가가치세 통장을 따로 만들어 매월 일정부분을 적립해두시면 부가가치세 납부 부담이 줄어들 수 있습니다.

I 부가가치세 신고납부기간

부가가치세는 6개월을 과세기간으로 하여 신고·납부하게 되며 각 과세기간을 다시 3개월로 나누어 중간에 예정신고기간을 두고 있습니다.

과세기간	과세대상기간		신고납부기간	신고대상자
제1기 1.1. ~ 6.30.	예정신고	1.1. ~ 3.31.	4.1. ~ 4.25.	법인사업자
	확정신고	1.1. ~ 6.30.	7.1. ~ 7.25.	법인·개인 일반사업자
제2기 7.1. ~ 12.31.	예정신고	7.1. ~ 9.30.	10.1. ~ 10.25.	법인사업자
	확정신고	7.1. ~ 12.31.	다음해 1.1. ~ 1.25.	법인·개인 일반사업자

※ 일반적인 경우 법인사업자는 1년에 4회, 개인사업자는 2회 신고

개인 일반사업자와 소규모 법인사업자(직전 과세기간 공급가액의 합계액이 1억 5천만원 미만)는 직전 과세기간(6개월) 납부세액의 50%를 예정고지서(4월·10월)에 의해 납부(예정신고의무 없음)하여야 하고, 예정고지된 세액은 다음 확정신고 시 기납부세액으로 차감됩니다.

다만, 징수하여야 할 금액이 50만원 미만이거나 과세기간 개시일 현재 일반과세자(간이→일반)로 과세유형 전환된 사업자는 예정고지 대상에서 제외됩니다.

예정고지 대상자라도 휴업 또는 사업 부진으로 인하여 사업실적이 악화되거나 조기환급을 받고자 하는 경우 예정신고를 할 수 있으며, 이 경우 예정고지는 취소됩니다.

Ⅱ 부가가치세 계산구조(일반과세자)

과세표준 및 매출세액	과세, 영세율, 예정누락분, 대손세액가감
⊖ 매입세액	세금계산서수취분+기타공제매입세액−불공제매입세액
⊜ 납부(환급)세액	(+)이면 납부, (−)이면 환급
⊖ 경감·공제세액	신용카드매출전표발행공제[1.3%, 1,000만원 및 납부세액한도], 전자신고세액공제, 전자세금계산서 발급세액공제, 대리납부 세액공제
⊖ 예정신고미환급세액 **(예정고지세액)**	50만원 미만 개인과세자 고지생략
⊕ 가산세액 계	미등록·허위등록, 세금계산서허위·가공·미교부, 세금계산서부실기재, 매출처별 세금계산서합계표, 매입처별세금계산서합계표, 신고불성실, 납부불성실, 현금매출 명세서불성실, 영세율과표불성실, 대리납부불이행, 전자세금계산서관련 등
⊜ 차가감납부할세액 **(환급받을 세액)**	신고기한이내 신고납부 ⋯▶ 분납·물납 없음

02 전문약, 일반약 구분이 신고할 때 어떤 의미가 있나요?

포인트

조제용역은 면세매출이며 이에 대한 매입이 전문(보험)이고, 일반의약품 판매는 과세매출이며 이에 대한 매입이 일반(비보험)으로 표시되고 있습니다.

🔘 김약사: 세금계산서를 받게 되면 전문(보험)과 일반(비보험)으로 구분이 되어 있는데 신고할 때 어떤 의미가 있나요?

🔵 팜택스: **약사의 조제용역은 면세매출인데 이에 대한 매입이 전문(보험)이고, 일반의약품 판매는 과세매출인데 이에 대한 매입이 일반(비보험)으**로 표시되고 있습니다. 이에 대한 대응이 정확하게 되어 있는지 확인하고 부가가치세 신고를 해야 정확한 신고라고 할 수 있습니다.

🔘 김약사: 그런데 세금계산서를 받아 보면 여러 개의 약품을 하나의 세금계산서로 받게 되는데, 이러한 구분이 정확하지 않은 데다가 일부 일반의약품은 전문의약품처럼 처방약으로 사용되기도 합니다. 이런 경우는 어떻게 처리해야 하나요?

🔵 팜택스: 처방인지 비처방인지는 실질에 따라 구분을 하는 것이 좋습니다. 비처방약을 처방으로 쓰는 등 구분하기 어려운 경우라면 공통

매입으로 보아 약국의 전체 공급가액 중 과세 공급가액과 면세 공급가액의 비율에 따라 안분하여 부가가치세를 계산하게 됩니다.

▣ 약국의 매출 구성

총수입금액은 조제매출(면세분), 화장품매출, 기타의료기기매출, 한약매출 등으로 구성되어 진다.

1. 조제매출

조제수입의 구성 = 본인부담금+공단청구액 = 조제료 + 약가 + (비)조제료 + (비)약가

병원의 처방전에 의하여 약사가 약을 조제하여 판매하는 경우를 말하며, 부가가치세가 과세되지 않는다. 현재 약국에서 대부분의 매출을 구성하고 있다.

일반적으로 처방전에 의하여 약을 사는 경우 일부를 환자가 부담하고 (=본인부담금) 나머지는 건강보험공단에서 약국에 보조(=공단청구액)를 하고 있다. 따라서 약국조제매출은 본인부담금과 공단청구액을 합한 금액이라 할 수 있다. 일반적으로 공단에 청구하여 지원을 받을 수 있는 매출을 "급여"라고 하며, 처방전에 의하더라도 환자 본인이 100% 부담하여야 하는 매출을 "비급여"라고 한다.

일반적으로 조제매출은 건강보험공단에 청구된 금액에서 삭감액을 차감한 금액이다. 따라서 대부분 건강보험공단에서 연간지급내역을 기준으로 매출을 산정하는데 연간지급내역만을 가지고 매출을 산정하는 경

우 각종 신고금액의 오류가 생길 수 있으므로 청구프로그램의 매출액과 비교검토한 후에 신고하는 것이 좋다.

의료보호 조제매출액도 종합소득세 신고 시 당연히 포함하여야 하고 이론적으로는 산재보험 조제매출액과 비보험 조제매출액도 포함하여야 하므로 과표가 양성화되지 않는 비보험 조제매출액이 많은 성형외과, 피부과병원 등 근처 약국은 더욱 주의를 요한다.

※ 비보험 조제매출을 누락하지 않는 것이 절세의 지름길

비보험 조제매출액이 많은 경우 과표가 양성화되지 않는 금액이지만 소득세 신고 시 이를 전혀 반영하지 않으면 비보험 약가를 매출원가로 반영할 수 없어 기말재고 의약품이 과대 계상될 수 있기 때문에 반드시 신고하여야 한다.

※ 청구액이 삭감되는 경우

청구액이 삭감되는 경우 총수입금액에서 차감하거나 손실로 처리 가능하다.

2. 일반매약매출

약국에서 박카스, 아로나민골드, 신신파스, 우루사 등 병원의 처방전에 의하지 않고서 판매하는 의약품으로서 부가가치세 과세대상이다.

3. 화장품매출

최근에 약국에서 기능성화장품을 판매하는 경우가 있다. 따라서 이 경우 처방전에 의하여 판매하고 있지 않기 때문에 부가가치세가 과세된다.

4. 기타의료기기 매출

5. 한약매출

약국의 조제수입의 귀속시기: 건강보험공단에 조제용역에 대한 비용을 청구하는 시기와는 관계없이 조제용역이 완료된 날이다. 즉, 조제매출은 1월 1일부터 12월 31일까지의 진료일(처방일) 기준으로 계산하여야 한다. 건강보험공단에 청구하는 청구일이나 건강보험공단으로부터의 지급일기준이 아니다.

03 전문약, 일반약 구분을 잘못 할 경우 어떤 오류가 발생 될까요?

포인트

전문약, 일반약 구분을 정확히 하지 않으면, 매출과 재고에 영향을 주게 됩니다.

김약사: 세무 담당자가 의약품 매입 세금계산서를 전문약매입과 일반약매입으로 분류해달라고 합니다. 그런데, 세금계산서를 통해서 확인될 수 있을 것 같은데 왜 저희가 분류해야 하나요?

팜택스: 세금계산서 분류는 구입기준이 아니라 사용기준이기 때문에 약사님이 분류해주시는 게 가장 정확해서 입니다. 전문약, 일반약 매입세금계산서 구분은 약국세무의 출발이라고 할 만큼 가장 중요한 부분입니다. 전문약의 경우 면세매입이 되고, 일반약의 경우 과세매입으로 분류를 정확히 해줘야 합니다. 만약 전문약과 일반약 분류를 소홀히 하여 잘못 분류하게 되면 다음과 같은 오류가 발생됩니다.

〈일반약을 전문약으로 분류한 경우〉

구분	매입	매출	재고
일반약	과소	과소	과소
전문약	과대	적정	과대

〈전문약을 일반약으로 분류한 경우〉

구분	매입	매출	재고
일반약	과대	과대	과대
전문약	과소	적정	과소

　표로 설명하니까 잘 이해가 안 될 수도 있어요. 예를 들어 설명해보겠습니다. (표1)에서 총 실제 매입 4억 중 전문약 매입이 3억, 일반약 매입이 1억이라고 할 때, 일반약 매입 1억은 마진율 20%를 붙여 1.2억에 매출했다고 가정해 볼게요. 전문약 매출 4억과 일반약 매출 1.2억을 합한 5.2억이 약국의 총매출이 됩니다.

　만약 전문약 매입이 실제 3억인데 2억으로 잘못 분류하게 되면 총 매입 4억 중에서 2억이 전문약으로 분류되고 나머지 2억이 일반약으로 분류되게 됩니다. 이렇게 되면 일반약 매입이 1억인데 2억으로 늘어났기 때문에 일반약 매출이 더 많이 신고됩니다.

　그럼 매출을 따져봤을 때 일반약 매입 2억에 마진율 20% 붙이면 총 일반약 매출은 2.4억이 됩니다. 정확히 신고했다면 (표1)처럼 일반약 매출이 1.2억이었을 텐데, 분류를 잘못하여 (표2)와 같이 일반약 매출이 2.4억이 되어 매출과다신고가 되고, 부가가치세와 종합소득세 때 세금 부담이 증가 될 수 있습니다. 그리고 전문약은 실제 매입은 3억인데 2억으로 잘못 분류되었기 때문에 매입자료 부족으로 재고문제가 발생할 수 있습니다. 전문약 재고가 부족하면 세무서에서 소명 요구를 받을 수도 있고, 추가 세금부담이 발생할 수도 있다는 것입니다.

💊◗ 김약사: 네, 잘 알겠습니다. 그런데 일반약으로 매입되는 약인데, 실제 일반판매를 하지 않고 단지 조제용으로만 사용하는 의약품들이 있습니다. 예를 들어 1000정 단위로 나오는 소화제나 450g 단위의 화상치료용 연고제 등이 있는데, 이런 경우 세금계산서 구분을 조제의약품으로 해야 하나요? 공통매입으로 잡아야 하나요?

표1	총계	전문약	일반약
매입	4억	3억	1억
매출	5.2억	4억	1.2억

→

표2	총계	전문약	일반약
매입	4억	~~3억~~ 2억	~~1억~~ 2억
매출	~~5.2억~~ 6.4억	4억	~~1.2억~~ 2.4억

💊◗ 팜택스: 수취한 세금계산서 중 100% 조제에 사용된 매입액은 면세매입입니다. 또한 일반의약품 중에서 덕용포장 일반의약품은 개봉소분판매가 불가능하여 전액 조제에만 사용되므로 전문의약품매입과 같이 면세매입으로 잡아 신고가 들어가야 합니다.

일반의약품 매입액 중 박카스, 활명수, 판피린 등과 같이 객관적으로 보아도 처방전에 기재되지 아니하는(매약에만 사용되는) 의약품의 금액은 과세매입입니다.

04 세금계산서와 계산서의 차이는 무엇인가요?

포인트

세금계산서와 계산서 발행은 공급하는 사업자 입장에서 공급하는 재화나 용역이 부가가치세 과세대상인지 여부에 따라서 결정됩니다.

🔵 **김약사:** 약국 출퇴근할 때 타던 업무용 승용차를 이번에 중고자동차거래업체에 양도하려고 하니 업체에서 세금계산서를 발급하라고 해서 세금계산서를 발급했습니다. 그런데, 세무 담당자가 약국은 과면세 사업장이어서 과세 비율만큼은 세금계산서를, 면세 비율만큼은 계산서를 발급해야 한다고 합니다. 세금계산서와 계산서가 어떻게 다른 건가요?

🔵 **팜택스:** 부가가치세는 부가가치에 대해서 10%의 세금을 부과하는 것입니다. 공급받는 상대방이 부담하지만 세금은 공급하는 사업자가 부가가치세를 거래징수해서 납부하게 된다는 특징이 있습니다. 부가가치세가 과세된다면 세금계산서를 발행합니다. 면세는 공급되는 재화나 용역이 부가가치세가 과세되지 않는다는 의미입니다. 면세인 경우는 계산서를 발행합니다.

세무 담당자가 말한 것처럼 약국은 부가가치세 과세 대상과 부가가치세 면세 대상의 재화를 공급하는 곳입니다. 따라서, 일반의약품과 전문의약품처럼 과세인지 면세인지가 명확한 것은 그에 따라 신고를 하면 되지만, 업무용승용차처럼 과세 사업에 쓰인 것인지 면세 사업에 쓰인 것인지 구분이 불분명한 것은 직전 과세기간의 공급가액 중 과세 공급가액 비율만큼은 세금계산서 발행을, 면세 공급가액 비율만큼은 계산서 발행을 하게 됩니다.

🔵⚪ **김약사**: 의약품 수급 차질 문제 때문에 급하게 전문약을 필요로 하는 약국에 보유하고 있는 약을 판매할 때가 있습니다. 그럼, 전문약이니까 계산서를 발급하면 되는 건가요?

🔵⚪ **팜택스**: 전문의약품을 처음에 매입할 때 세금계산서를 발급받으셨죠?

🔵⚪ **김약사**: 네.

🔵⚪ **팜택스**: 그리고 앞에서 전문의약품과 일반의약품을 구분할 때는 실제 사용 시점에 처방약으로 쓰인 것인지 일반약으로 쓰인 것인지로 구분한다고 한 말씀 기억하시죠?

비록 약국에서 처방약으로 쓰일 예정인 전문의약품이었다 하더라도 의약품의 공급은 부가가치세 과세 대상이므로, 다른 약국에 판매할 때는 계산서가 아닌, 세금계산서를 발행해야 합니다.

🔵⚪ **김약사**: 그럼, 전문약은 면세여서 매입세액을 공제받지 못한다고 했는데, 매입세액은 공제받지 못하고 부가가치세는 내야 하면 불합리한

거 아닌가요?

팜택스: 부가가치세 과세 대상은 세금계산서를 발행한다고 말씀 드렸듯이, 부가가치세 과세 대상 상품이므로 당연히 매입세액이 공제됩니다. 정리하면, 전문의약품도 약국 간 거래로 세금계산서 발행을 한다면 전문의약품 매입도 과세 매입처럼 매입세액 공제를 받게 된다고 보시면 됩니다.

05

세금계산서 및 계산서는 반드시 전자로 발급해야 하나요?

포인트

전자세금계산서와 전자계산서 발급의무는 직전연도 사업장별 공급가액(과세+면세)이 8천만원 이상인 사업자가 발급의무 대상입니다.(2024년 7월부터)

◗◖ **김약사**: 당뇨소모성 제품을 취급하려고 하는데 세금계산서를 발급해야 한다고 합니다. 세금계산서를 종이로 발급하면 1% 가산세를 내야 한다고 하던데 가산세가 왜 발생하게 되는 건가요?

◗◖ **팜택스**: 사업장별 공급가액을 기준으로 전자세금계산서 발급의무가 있습니다. **직전연도 공급가액(과세+면세)이 8천만원 이상이면 다음해 7월부터 발급의무**가 있습니다. 전자세금계산서 및 전자계산서 발급 의무자가 종이로 세금계산서 및 계산서를 발급하게 되면 공급가액의 1%를 가산세로 추가로 납부해야 합니다.

전자세금계산서 발급이 익숙해지면 종이로 세금계산서를 발급하는 것보다 훨씬 쉽다고 생각하실 겁니다. 사실 부가가치세 신고 시 종이세금계산서는 일일이 확인하지 않으면 중복되거나 누락될 가능성이 많지만, 전자세금계산서는 국세청에 전송이 되기 때문에 신고 때 한꺼번에 조회가 가능하고 누락될 위험이 없습니다.

🔵 **김약사:** 그렇군요. 그럼, 전자세금계산서는 어떻게 발급해야 하나요?

🔵 **팜택스:** 전자세금계산서를 발급할 수 있는 사이트는 많지만 국세청 홈택스에서 공인인증서로 발급하는 것이 여러 면에서 편리합니다.

🔵 **김약사:** 전자세금계산서를 발급하기 위해 은행의 공인인증서를 또 만들어야 한다는 말인가요?

🔵 **팜택스:** 공인인증서 없이 전자세금계산서를 발급할 수 있는 방법이 몇 가지 있는데 가장 대표적인 것이 보안카드입니다. **세무서에 방문해서 보안카드를 발급받으면 해마다 갱신할 필요 없이 보안카드로 전자세금계산서를 발급**할 수 있습니다.

06 비급여 매출을 누락할 경우, 신고에 문제가 되나요?

> **포인트**
>
> **비급여 매출은 조제매출로 반드시 신고해야 합니다. 비급여 매출 누락 시, 장부상 재고가 쌓이게 되고, 국세청에서는 이를 일반약 매출 누락으로 보아 부가세를 추가로 부담해야 할 수 있습니다.**

김약사: 비급여 처방전이 많이 나오는 경우 약값을 공단에 청구하지 않기 때문에 일부만 조제프로그램에 입력하고 나머지는 입력하지 않고 있습니다. 부가가치세 신고 시 문제가 되나요?

팜택스: 비급여 약이 많은 경우 요즘은 대부분 카드로 결제하기 때문에 카드매출이 매우 많이 잡히게 됩니다. 이 경우 청구프로그램에 입력된 조제매출이 작기 때문에 대부분 일반약 매출로 오해하기 쉽습니다. 이렇게 카드매출이 과다하게 많고, 조제약 재고가 기하급수적으로 증가한다면 비급여 매출이 입력이 되지 않을 수 있다고 의심할 수도 있습니다.

김약사: 병원처방의 기타(일반처방) 처방전도 조제기록부 때문에 제니칼, 비아그라 등을 입력하는데, 이것 또한 면세수입에 포함해야 하나요? 사실 판매가 보다 조제프로그램에 입력시키면 약품가격이 더 많이 나옵니다.

🔵 팜택스: 포함하여야 합니다. 의사의 처방전에 의하여 환자에게 의약품을 제공한 것은 보험적용 여부 불문이고 포장상태 그대로 제공하더라도 조제입니다. 이러한 약을 조제프로그램상에 입력시키면 판매가가 보다 더 많이 나오는 이유는 산부인과 등 비급여 약이 많은 경우 비급여 약을 판매할 경우 처방일수에 따라 조제료가 달라지기 때문입니다. 환자분에게 이러한 내용을 설명하기가 어렵기 때문에 편의상 약 한 알 당 마진을 붙여 판매하는 경우가 많이 발생하여 약값이 과대하게 계상되어 있습니다.

⚫ 김약사: 구체적으로 예를 들어서 설명해 주시겠습니까?

🔵 팜택스: 예를 들어, 비아그라 1정에 1만원인데 처방일수가 30일분에 30알을 환자분이 구매해 가는 경우 약사법에 따르면 30만원이 아닌 금액을 받게 됩니다.

판매가는 약값+조제일수에 따른 수가에 따라 결정됩니다. (이때 조제일수에 따른 수가가 하루 단위에 따라 계산되는 것이 아님) 즉, 하루 분을 구입할 때 1만원의 판매가인 경우에는 3일분 구입하는 경우에 3만원이 되지 않습니다.

만약에 25만원을 받게 되면 왜 그런지를 환자분이 묻는 경우가 많아 일일이 설명해야 합니다. 따라서 비아그라 1정에 9천원을 받고 30일분에 30정을 처방해가더라도 27만원을 청구합니다. 따라서 **약품 실제 구입가와 청구프로그램상의 약품원가가 다르게 되면, 재고가 계속적으로 감소하는 경우가 발생**하게 됩니다.

금액이 많지 않은 경우에는 큰 문제가 발생하지 않지만 약국에서 이러한 금액이 많이 발생하는 경우(특히, 산부인과)에는 심각한 재고문제가 발생하게 됩니다. 따라서 청구프로그램상에 있는 약품원가(매출원가)를 신뢰할 수 없기 때문에 부가세신고시에 약사님께서 실제 매출원가를 정확하게 산정해서 신고할 수 있도록 해야 합니다.

공통매입세액 사후관리란
무엇인가요?

포인트

**공통매입세액이란, 과세와 면세에 공통으로 사용되는 매입세액
으로 실질 귀속에 따라 안분계산 및 정산하여야 합니다.**

김약사: 매입한 물건이 바로 판매되는 경우에는 매출이 과세이면
문제가 없는데 면세매출인 경우 부가가치세를 공제받지 못한다는 점은
알겠습니다. 그런데 고정자산은 오랜 기간 사용합니다. 이런 경우 어떻
게 공제받아야 합니까?

팜택스: 아래 그림을 보면서 생각해 보면 쉽게 이해가 되실 겁니
다. 크게 3개로 구분해 볼 수 있는데 매입할 때 전액 공제받은 경우와 전
액 불공제받은 경우, 그리고 공통으로 사용하겠다고 일부만 공제받은 경
우가 되겠습니다. **전액 공제받은 경우 면세에 전부 사용되면 면세전용**으로
과세되고, **일부만 면세에 사용되면 면세일부사용**으로 과세가 됩니다. **공통
으로 사용해서 일부공제를 받은 경우에는 실제로 사용되는 비율만큼 공제와
불공제를 계산해서 차액을 매입세액에 반영**하면 됩니다. 그리고 **처음에는
면세에만 사용하겠다고 전액 불공제받은 경우인데 당연히 과세사업에 사용되
는 만큼 공제**를 시켜주면 됩니다. 이러한 규정들은 용어와 방법이 조금씩
달라 보이지만 사실상 **공통매입세액의 사후관리**라고 보면 됩니다. 결국 **과**

세사업에 사용되는 부분만 공제해 주겠다는 것입니다.

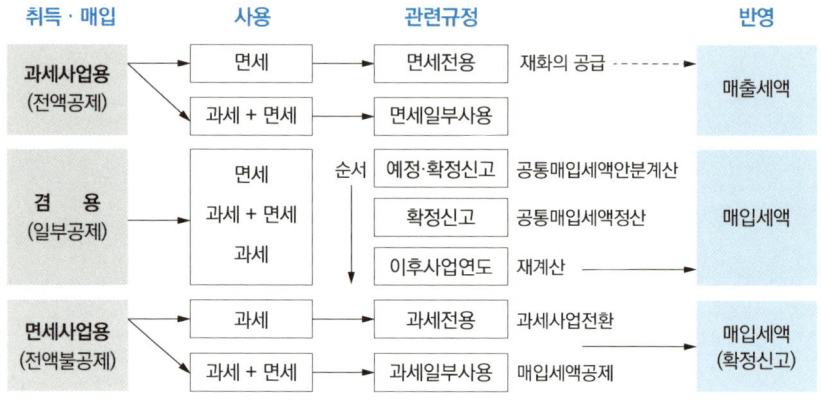

🔵 김약사: 그렇게 보니 별로 어렵지는 않군요!

🔵 팜택스: 하지만 실제는 간단하지 않은 경우가 많습니다. 일일이 귀속을 확인한다는 것이 그렇게 쉬운 일은 아닙니다. 약품에 일일이 바코드를 붙여놓고 전산으로 관리하지 않는 한 정확하게 구분하는 것은 사실 불가능할 수도 있습니다. **고정자산**은 몇 년간 사용하기 때문에 그 귀속을 확인하려면 사용하는 기간 동안 면세비율을 고려해서 안분해야 합니다. 그래서 **예정신고 때 하는 계산을 안분계산**이라 하고, **확정신고 때 하는 계산을 공통매입세액정산**이라고 합니다. 그리고 **이후 사업연도부터는 재계산**이라는 용어를 사용하는 데 과세기간이 경과될 때마다 체감률을 고려해서 면세비율을 공제한다고 생각하면 됩니다.

🔵 김약사: 기본적인 개념은 이해가 됩니다. 실무적으로는 만만치 않겠지만요!

● 팜택스: 그렇습니다. 하지만 여기서 한 가지만 더 이야기 하자면 안분계산을 할 때의 예외가 있습니다. **매출의 경우는 직전면세비율이 5% 에 미달하면 안분계산을 생략**하기 때문에 전액과세가 되고, **매입의 경우 당해 면세비율이 5%에 미달하면 안분계산을 생략**하니 전액공제로 신고할 수 있습니다. 또한 공급가액이 50만원 미만인 경우와 누적된 매입세액이 5만원 미만인 경우도 안분계산하지 않아도 됩니다. 그래도 공급가액이 5천만원 이상인 경우와 공통매입세액이 500만원 이상인 경우에는 안분계산을 해야 합니다.

● 김약사: 매출은 공급가액으로 하고, 매입은 매입세액으로 하니 공급가액 5천만원과 매입세액 500만원은 같은 금액인 것 같군요.

● 팜택스: 하지만 주의해야 할 것은 매출의 경우 직전 비율을 보고 계산합니다. 하지만 매입은 당해 과세기간의 비율로 계산하고 있습니다.

● 김약사: 그렇군요. 약간씩 차이가 있는 것 같습니다. 그런데 부가가치세 신고를 하려고 보니 세금계산서 매입은 많은데 실제로 공제되는 것은 얼마 안 되는 것 같습니다. 세금계산서 매입을 많이 공제받으려면 어떻게 해야 합니까?

● 팜택스: 약국의 경우 업종의 특성상 과세와 면세가 동시에 있으니 과세사업과 관련된 매입세액만 공제가 됩니다. 그리고 공통으로 사용하는 매입은 안분을 해서 과세사업과 관련된 부분만 공제를 받을 수 있습니다. 예를 들어 임대료, 기장료, 전기요금, 휴대폰 요금 같은 경우를 공통매입세액이라고 보아야 합니다.

김약사: 전기요금과 휴대폰 요금도 세금계산서를 받아서 공제받을 수 있습니까?

 팜택스: 사업주 명의로 된 휴대폰이면 세금계산서를 받을 수 있습니다. 전기요금은 한국전력공사에 전화를 하면 됩니다. 사업자등록증 등 서류를 보내달라고 요청 할 겁니다. 한국전력공사와 KT는 법인이라 전자세금계산서를 발행합니다. 몇 개월 지나서 소급해서 발행해 달라고 하면 발행해 주지 않습니다.

〈공통매입세액 세무처리〉

안분계산	원칙: 실제사용면적비율, 실제공급가액비율 예외(공급가액 없는 경우): 매입가액비율, 예정공급가액비율, 예정사용면적비율(건물은 우선적용)

↓

정산: 공급가액(사용면적) 확정 과세기간(예정×): 안분계산과 정산은 동일기준 적용
가산 또는 공제되는 세액 =

$$총공통매입세액 \times [1 - \frac{면세공급가액(면세사용면적)}{총공급가액(총사용면적)}] - 기\ 공제세액$$

↓

재계산: 당해 재화의 매입세액 × (1 − 체감률* × 경과 과세기간 수) × 증감된 면세비율
⇒ 납부세액·환급세액에 가감
  * 건물등 5%(2001.12.31. 이전 10%), 기타 25%
① 매입세액 안분계산 공통사용 재화 + ② 감가상각자산 + ③ 면세비율이 5% 이상 증감
※ 재계산배제 ① 재화의 공급의제 ② 공통사용재화의 공급

08 신용카드와 현금영수증 매입세액공제란 무엇인가요?

포인트

사업과 관련된 신용카드와 현금영수증 매입은 거래내용에 따라 매입세액공제를 받을 수 있습니다. 국세청 홈택스에 구분이 잘못되어 있으면 수정하면 됩니다.

김약사: 신용카드나 현금영수증도 부가가치세 신고 시에는 세금계산서와 동일하게 공제될 수 있다고 하던데요.

팜택스: 국장님께서 아시는 바와 같이 신용카드를 부가가치세 신고 시 포함시키면 공제를 받을 수 있지만 거래내용에 따라 공제가 되는 경우도 있고 그렇지 못한 경우도 있습니다. 신용카드를 사용한 것이라 하더라도 사업과 직접 관련되지 않은 거래와 세법상 공제대상으로 인정하지 않는 거래는 부가가치세 신고 시 공제할 수 없습니다.

첫 번째 신용카드매출전표에 의한 매입세액공제 제외 사업으로 **목욕·이발·미용업, 전세버스운송사업을 제외한 여객운송업, 입장권을 발행하여 영위하는 사업의 경우 불공제** 됩니다.

두 번째 상대 사업자가 **간이과세자인 경우, 면세사업자(학원, 금융기관, 면세점 등)인 경우, 비영업용소형승용차 관련 사용분(유류대 등), 정상적인 신용**

카드 사용이 아닌 경우, 접대목적 등도 불공제됩니다.

세 번째, **식대의 경우 국장님 본인이 사용한 부분은 불공제**됩니다.

Ⅰ 공제대상 매입세액

구 분	대 상	금 액
세금계산서매입세액	수입세금계산서 포함	세금계산서상의 매입세액
신용카드매출전표등	이면확인 없어도 가능	신용카드매출전표 수취명세서 제출분 매입가액 (직불카드 · 현금영수증 포함)×10%

1. 매입자가 관할세무서장에게 거래사실을 신고하여 확인받아 세금계산서를 발행한 경우 매입세액공제
2. 매입세액공제여부

구 분	공급자 업종 및 사업자 구분	매입세액 공제여부 결정
매입세액공제	부가가치세 일반과세자로, 선택 또는 당연 불공제에 해당하지 않는 거래	매입세액 공제가 가능하며, 매입세액 공제대상이 아닌 경우 불공제로 수정 가능
선택불공제	사업무관, 접대관련, 개인가사지출, 비영업용자동차 등은 불공제대상 예) 음식, 숙박, 항공운송, 승차권, 주유소 차량유지, 과세유흥업소, 자동차구입, 골프연습장, 목욕, 이발 등	불공제대상으로 분류하였으나 사업용 도로 이용 건은 공제로 수정 가능 예) 음식지출 중 접대목적 지출은 불공제이나, 복리후생 목적 지출은 공제 가능 항공운송, 승차권, 성형수술, 목욕, 이발 등의 지출은 매입세액 불공제 대상임
당연불공제	간이과세자(세금계산서 발급가능한 경우 제외), 면세사업자와 거래	매입세액 공제 불가

Ⅱ 불공제 매입세액

구 분	제외되는 것(공제되는 경우)
세금계산서 미수취·부실기재	착오기재·지연교부로 거래사실 확인되는 분
매입처별 세금계산서합계표 미제출·부실기재	착오기재분, 수정신고·경정청구·기한후신고·경정시 제출(경정시 제출분은 가산세 있음)
사업과 직접관련 없는 지출	
비영업용 소형승용차 구입·유지	① 8인승 초과 ② 국민차(1000cc 이하)
기업업무추진비 및 유사비용	
면세사업 관련, 토지관련 매입세액	
사업자 등록 전 매입세액	공급시기가 속하는 과세기간이 끝난 후 20일 이내에 등록을 신청한 경우 등록신청일부터 공급시기가 속하는 과세기간 기산일까지 역산한 기간 내의 것 (2013.2.15. 이후 신고하는 분부터 공급시기가 속하는 과세기간이 끝난 후 20일 이내에 등록을 신청한 경우 그 과세기간 내 매입세액 공제)

1. 신용카드매출전표에 의한 매입세액공제 제외 사업

   목욕, 이발, 미용업, 전세버스 운송사업을 제외한 여객운송업, 입장권을 발행하여 영위하는 사업, 과세되는 의료용역과 교육용역, 미용목적의 성형수술, 수의사가 제공하는 동물진료용역, 무도학원 자동차운전학원

2. 비영업용소형승용차
   - 비영업용: [개별소비세법] 제1조 제2항 제3호의 자동차(영업용인 것을 제외)
   - 부가가치세법상 취급(불공제된 매입세액은 법인세·소득세법상 손금·필요경비 인정됨)

- 취득 시: 매입세액 불공제
- 보유 시: 유지·관리비 등(임차비용 포함) 매입세액불공제
- 처분 시: 매출세액 부과

김약사와 팜택스의 약국개국세무

09

약국의 부가율이란 무엇이며, 중요한 이유는 무엇입니까?

포인트

부가율이란 세금계산서상 마진율로 전체 매출에서 부가가치(매출-매입)가 차지하는 비율을 의미하며, 세무서에서 신고 분석 시 성실신고 여부를 판단하는 기준이 됩니다.

🔵 **김약사**: 약국의 부가세 신고 시에는 일반적으로 일반약 매출을 부가율 기준으로 신고한다고 들었습니다. 도대체 부가율이란 무엇인가요?

🔵 **팜택스**: **부가율이란, 부가가치세를 신고할 때 세금계산서 상의 마진율을 의미**합니다. 따라서 약가 매입뿐만 아니라 임차료, 소모품, 경비용역료, 지급수수료 등이 매출에서 차감되어 있는 상태에서의 마진율을 의미합니다.

🔵 **김약사**: 매입기준으로 부가율을 적용시켜 매출을 산정한다면, 실제 매출보다 오히려 많은 부가세를 내게 되는 것이 아닌가요? 불합리 하지 않나요?

🔵 **팜택스**: 그렇지 않습니다. 정확한 매약매출액은 당일 현금잔고를 확인한 후 확인한 금액에서 약국관리 프로그램에 입력된 당일 처방조제

본인부담금액을 차감한 금액이 되고 이것이 실제 매약매출액이며, 부가세 과세표준이 될 것입니다. 하지만 이는 매우 복잡할 뿐 아니라, 국세청에서는 성실하게 신고했는지 여부를 업종별 평균 부가율을 기준삼아 판단하기 때문에 실무에서도 부가가치세 신고 시 국세청에서 제공하는 업종별 평균 부가율을 참고합니다. 지속적으로 낮은 부가율로 신고시 소명 요구를 받을 수 있습니다. 일반적으로 부가율은 상품 마진율보다 낮게 산정됩니다. 경비에 대한 부분을 마진에서 차감하여 산정한 것이 부가율이기 때문에 실제매출보다 더 많은 부가세를 납부하는 것은 아닙니다.

◖◗ **김약사:** 그렇다면 매약매출은 평균 부가율에 따라 신고를 해야 하는 건가요?

◖◗ **팜택스:** 아닙니다. 국세청에서 제공하는 평균 부가율은 참고사항일 뿐이며 국장님과 같이 개국 초기에 매입이 많거나 약값 상승 등의 이유로 미리 약을 구입해두어야 하는 경우라면 평균 부가율에 미달하게 됩니다. 이런 경우에 부가율에 따라 신고를 하게 되면, 매출이 과다하게 잡혀서 소득세 신고시에 불리할 수 있습니다. 즉, 평균 부가율은 참고하되, 일일매약매출과 재고수준을 확인하여 실질 기준으로 매출을 신고하여야 합니다.

▣ 부가율

(1) 부가율 의미: 부가율(부가가치율)이란 매출에서 부가가치(매출-매입)를 창출한 비율(고정자산 매입과 공제받지 못할 매입세액은 제외)

(2) 부가율 계산: (매출과세표준-매입과세표준)/매출과세표준×100

10 금연치료제와 당뇨소모성재료는 매출신고를 어떻게 해야 하나요?

포인트

당뇨소모성재료는 의약품이 아닌 의료기기이기 때문에 과세매출로 신고하여야 하고, 금연치료약제비의 매출은 청구프로그램의 조제매출과 건강보험공단의 금연치료약재비내역을 합산하여 면세매출로 신고하여야 합니다.

김약사: 당뇨소모성재료를 의사의 처방전을 받고 환자에게 공급하는 경우 비과세인가요?

팜택스: 인슐린을 투여하는 모든 당뇨환자에게 의사의 처방전을 따라 당뇨소모성재료를 구입하는 경우 보험공단에서 구입한 금액을 지원합니다. 이 경우 의사의 처방전이 있기 때문에 처방전에 따른 조제로 보아 면세로 볼 것인지 여부가 쟁점입니다.

그러나 당뇨소모성재료는 의약품이 아닌 의료기기에 해당됩니다. 부가가치세법 제26조 제5항과 이에 따른 부가가치세법시행령 제35조 제4항에 의하면 부가가치세가 면세되는 의료보건용역에는 "약사법에 따른 약사가 제공하는 의약품의 조제영역"이라고 하고 있습니다. 따라서 **당뇨소모성재료는 의약품이 아니므로 아무리 의사의 처방전을 받았다 하더라도 부가가치세법상의 면세(비과세)에 해당되지 않습니다.**

김약사: 금연치료약제비를 판매할 경우, 매출신고는 어떻게 해야 하나요?

팜택스: 약국에서 병원으로부터 금연처방을 받은 환자에게 금연치료약을 제공하는 경우, 국가로부터 보조금을 받을 수 있습니다. 이 경우 PM2000, 유팜 등의 기존의 프로그램에 입력하는 것이 아니라 건강보험공단 사이트에서 입력을 해야 합니다. 따라서 **금연처방이 있는 약국의 경우 부가가치세 조제 매출을 신고할 때에 청구프로그램상의 조제매출과 건강보험공단 사이트의 금연처방약제비내역 2가지의 자료를 받아 합산하여 신고**해야 합니다.

김약사: 합산하여 조제매출을 잡아야 하는 거군요, 그럼 금연치료약제비내역에는 본인부담금과 청구액만 나타나 있고, 약가와 조제료가 없는데 이런 경우 어떻게 계산하여야 하나요?

팜택스: 금연치료약제비내역에는 본인부담금과 청구액만 나타나 있기 때문에 조제료와 약가는 직접 계산하여 신고해야 합니다. 총약제비는 본인부담금과 청구액을 합한 금액이고 조제료와 약가를 합한 금액도 총약제비 금액과 동일하기 때문에 조제료를 먼저 계산하고 총약제비에서 조제료 금액을 차감한 것을 약가로 잡으면 됩니다. **조제료는 건당 금연치료제 8,100원, 금연보조제 2,000원**입니다.

11

한약매출신고를 어떻게 해야 할까요?

한약을 직접 조제하여 판매하는 경우는 면세대상이지만, 포장을 해놓은 한약을 판매하는 경우 과세대상입니다.

🔵 **김약사**: 한약매출이 있는 경우 어떻게 매출신고 하나요?

🔵 **팜택스**: 한약을 직접 조제하여 판매하는 경우는 면세대상이지만, 한약을 다려놓은, 즉 포장을 해놓은 한약을 판매하는 경우 일반약 판매로 과세대상입니다.

🔵 **김약사**: 그럼 한약을 매입 시에 세금계산서를 받아야 하나요, 아니면 계산서를 받아야 하나요?

🔵 **팜택스**: 한약초제는 농산물이므로 약국 입장에서는 세법상 모두 면세매입입니다. 한약초세 내입시 약국은 부가세를 부담하지 않기 때문에 계산서를 수취하고, 건재상은 약국에게 부가세를 부담시킬 수 없기 때문에 계산서를 교부하여야 합니다.

🔵 **김약사**: 실제 100방만 쓰지 않아서 추후 문제가 발생할 소지를 없애려면 모두 계산서로 받지 말고, 세금계산서로 받으라고 하더라구요.

팜택스: 세금계산서를 받아야 한다는 건재상의 주장은 어불성설입니다. 계산서를 받든, 세금계산서를 받든 그 사입한 한약재는 거래명세표로 확인이 되고 재고조사에서 소진된 것으로 확인한 한약재는 그 기간 중에 조제에 사용된 것이므로 그 약국의 100방 제한 규정 준수여부는 쉽게 판명됩니다. 100방에 포함한 한약재 외의 한약재를 세금계산서로 받았다 하여 이를 근거로 이 한약재는 조제 외의 매출에 사용했다. 즉, 100방 외의 조제를 하지 아니했다는 주장은 인정받을 수 없습니다. **한약 초제는 매입시 부가세를 부담하고 매입하여도 부가세 신고시 부가세를 전액 공제받지 못하므로 세금계산서를 수취할 필요는 없습니다.** 한약초제 거래시 세금계산서를 수취하는 것은 부가세 해당 액만큼 비싸게 구입하는 것이고 건재상은 부가세 해당 액만큼 비싸게 판매하는 것입니다.

〈매출세액과 매입세액의 비교〉

구분	매출세액			매입세액	
구조		과세표준	매출세액		매입세액
	(1) 과세	×××	과세표준 × 10%	(1) 세금계산서수취분	×××
	(2) 영세율	×××	과세표준 × 0%	(2) 기타공제세액	×××
	(3) 대손세액가감		×××	(3) 공제받지못할매입세액	×××
		(1) + (2)	(1) + (2) ± (3)		(1) + (2) − (3)
안분 계산	(1) 공통사용 재화의 과세표준= $$공급가액 \times \frac{과세공급가액(\mathbf{직전}과세기간)}{총공급가액(\mathbf{직전}과세기간)}$$ * 직전과세기간의 공급가액이 없는 경우 최근 과세기간의 공급가액 ■ 안분계산의 생략(전액과표) ① 직전과세기간의 면세공급가액이 5% 미만(단, 재화의 공급가액이 5천만원 이상인 경우는 안분계산) ② 재화의 건당 공급가액이 50만원 미만 ③ 신규사업개시자로 직전과세기간이 없는 경우			(1) 면세사업 관련 매입세액 = $$공통매입세액 \times \frac{면세공급가액(\mathbf{당해}과세기간)}{총공급가액(\mathbf{당해}과세기간)}$$ ■ 안분계산의 생략 → 전액공제 ① 당해 과세기간의 면세공급가액이 5% 미만(단, 공통매입세액이 5백만원 이상인 경우는 안분계산) ② 당해 과세기간 중의 누적된 공통매입세액이 5만원 미만인 경우 ③ 신규사업개시자로 당해 과세기간에 공급한 공통사용재화의 매입세액	
	(2) 면세사업에 일부사용: 과세표준 = 취득가액 × $$(1-5(25\%) \times 과세기간수) \times \frac{면세공급가액(\mathbf{당해}과세기간)}{총공급가액(\mathbf{당해}과세기간)}$$			(2) 매입한 과세기간 중 공급: 면세관련 매입세액 = $$공통매입세액 \times \frac{면세공급가액(\mathbf{직전}과세기간)}{총공급가액(\mathbf{직전}과세기간)}$$	

김약사의 종합소득세 신고

김약사와 팜택스의
약국개국세무

01 소득과 소득금액은 어떤 의미 일까요?

> **포인트**
>
> 소득은 (총)수입금액을 의미하고, 소득금액은 소득에서 필요경비 등을 차감한 후의 금액입니다.

김약사: 종합소득세는 어떤 소득을 합산하여 신고를 해야 할까요? 종합소득세의 전체적인 구조 설명을 해주실 수 있을까요?

팜택스: 먼저 **종합소득은 사업소득, 근로소득, 연금소득, 기타소득, 이자소득, 배당소득으로 6개가** 있습니다. 여기에 없는 **퇴직소득·양도소득은 분류과세**라고 해서 별도로 과세합니다.

김약사: 아! 그래서 제가 작년에 받은 퇴직금이 종합소득세 안내문에 표시되어 있지 않았군요!

팜택스: 소득과 소득금액의 개념을 정확하게 알고 있어야 합니다. 여기서 **소득은 (총)수입금액**을 의미한다고 할 수 있고, **소득금액은 소득에서 필요경비 등을 차감한 후의 금액**이라고 할 수 있습니다. **이자소득, 배당소득, 퇴직소득은 필요경비가 없기 때문에 소득과 소득금액이 동일하지만, 다른 소득은 소득과 소득금액이 다릅니다.**

김약사: 그렇군요! 소득과 소득금액이 다르다는 생각을 못했는데, 어쩐지 신고서를 볼 때마다 헷갈리는 이유가 여기에 있었네요.

팜택스: 필요경비라는 것은 해당 소득을 얻기 위해 지출된 경비라고 할 수 있는데, 근로소득, 연금소득, 기타소득 중 일부는 필요경비라고 하는 금액을 확인하기 힘들기 때문에 법에서 정한 일정 비율을 공제해서 소득금액을 계산합니다. 그래서 근로소득의 경우 법에서 정한 비율대로 근로소득공제를 한 후 근로소득금액을 산정하는 것입니다.

소득종류		소득금액 계산	소득금액 100만원 이하 사례
① 종합소득	근로소득	총급여액(연간근로소득 – 비과세소득) – 근로소득공제	총급여액 333만원 – 근로소득공제 233만원 = 100만원
	연금소득	총연금액 – 연금소득공제	◦ 공적연금 : 총연금액 516만원 – 연금소득공제 416만원 = 100만원 ◦ 사적연금 : 총연금액 1,500만원 이하로서 분리과세로 선택한 경우 종합소득금액에서 제외되어 기본공제 가능하며, 초과한 경우에도 종합과세가 아닌 분리과세를 선택한 경우라면 공제 가능 ※ 공적연금소득의 경우 2001년 12월 31일 이전 불입분은 비과세
	사업소득	총수입금액 – 필요경비	총수입금액에서 필요경비를 차감한 금액이 100만원이 되는 경우
	기타소득	총수입금액 – 필요경비	기타소득금액 300만원 이하로서 분리과세를 선택한 경우 종합소득금액에서 제외되어 공제 가능
	이자 배당소득	총수입금액	이자소득과 배당소득의 합계금액이 2천만원 이하인 경우 분리과세소득으로 종합소득금액에서 제외되어 공제 가능
	소계	위의 소득금액의 합계액이 종합소득금액이 된다.	종합소득금액 100만원(단, 비과세 및 분리과세소득은 제외) (근로소득만 있는 자는 총급여 500만원)
② 퇴직소득		퇴직소득 = 퇴직소득금액	비과세소득을 제외한 금액이 100만원인 퇴직금
③ 양도소득		양도가액 – 필요경비 – 장기보유특별공제	필요경비와 장기보유특별공제금액을 차감한 금액이 100만원인 양도소득금액
연간 소득금액의 합계액(①+②+③)			종합소득·퇴직소득·양도소득이 있는 경우 각 소득금액을 합계한 금액으로 함

02

종합소득을 합산해서 신고할 때, 유의해야 할 점은 무엇인가요?

포인트

합산하지 않고 분리과세로 종결이 되는 소득과 분리과세와 합산 과세를 선택할 수 있는 소득이 있습니다.

◖◗ **김약사**: 종합소득 6개를 합산해서 신고할 때 유의해야 할 점은 무엇인가요?

◖◗ **팜택스**: 이자소득과 배당소득을 금융소득이라고 하는데 금융소득이 2천만원을 초과할 경우 종합소득금액에 포함해서 신고해야 합니다. 보통 이자나 배당을 받을 때 14%(지방세 포함 시 15.4%) 세금을 공제하고 수령하는데 원천징수된 세금은 당연히 기납부세액으로 공제되지만 환급이 되지 않는다는 특징이 있습니다. 금융소득은 다소 특이한 점이 많은데 금융소득은 종합과세되었을 경우와 분리과세되었을 경우를 구분해서 큰 금액으로 과세하도록 하고 있습니다. 그래서 환급이 되지 않습니다.

◖◗ **김약사**: 벌써부터 머리가 아프기 시작하는 군요. 하지만 중요한 부분이 있으면 더 설명해 주세요!

🔵▎ **팸택스**: 금융소득은 불로소득으로 보기 때문에 경비가 인정되지 않습니다. 배당소득의 경우 이중과세조정을 위해서 배당가산액을 가산했다가 세액공제를 해주고 있습니다. 법인으로부터 받는 배당소득이 있으면 반드시 배당가산액을 통해서 이중과세조정을 해야 하는지 확인해 보아야 합니다. 기타소득은 다른 소득과 합산해서 과세하는 것이 원칙이나 기타소득금액이 300만원 이하인 경우에는 분리과세와 종합과세 중에 선택이 가능합니다. 추가로 복권당첨소득, 슬롯머신 당첨금 등 무조건 분리과세해야 하는 기타소득과 위약금, 배상금 등 무조건 종합과세해야 하는 기타소득도 있습니다.

⚫▎ **김약사**: 아 그렇군요. 제가 월급을 받을 때는 별 생각이 없었는데 저하고 똑같이 일을 했는데도 어떤 사람은 기타소득, 또 어떤 사람은 사업소득으로 신고가 되었던데, 왜 그렇게 될까요?

🔵▎ **팸택스**: 고용관계에 의하여 근로를 제공하고 급여를 받으면 근로소득이고 인적용역의 일시적인 제공 대가라면 기타소득입니다. 그리고 독립적인 입장에서 일을 했다면 사업소득이 될 수 있습니다. 기타소득으로 신고를 했다면 소득세 8%에 지방세 0.8%가 되니까 총 8.8% 세금을 신고납부하게 되며, 연간 750만원인 경우 필요경비 60%를 제외한 300만원이 기타소득금액이 됩니다. 기타소득으로 750만원 그리고 필요경비 60%를 차감한 기타소득금액이 300만원을 초과하면 무조건 종합소득세 신고를 해야 하지만 300만원 이하인 경우 신고를 해도 되고 안해도 됩니다.

⚫▎ **김약사**: 기타소득금액이 300만원 이하인 경우 종합소득세 신고를 하는 것과 안하는 것 중 어느 쪽이 유리할까요?

● 팜택스:그건 한 가지만 보고 결정할 것이 아닙니다. 일단 종합소득세 신고를 하게 되면 소득금액이 발생하며, 약국에서 발생이 많은 권리금이나 인적용역(프리랜서)대가를 지급할 때는 기타소득으로 신고하고 기타소득의 60%를 필요경비로 공제받습니다. 기타소득금액(= 기타소득 - 60% 필요경비)에 대해서 20% 소득세와 2% 지방소득세를 부담하기 때문에 실무에서는 그냥 편하게 8.8%를 세금으로 부담한다고 표현합니다. 결국 소득에 대해서 20%의 세금을 부담하는데 종합소득세 누진세율을 보면 5,000만원까지는 15% 세율을 적용하니 5,000만원 이하라면 오히려 세부담이 줄어들어 환급받을 수가 있습니다. 물론 소득이 많을 경우에는 오히려 세부담이 증가할 수 있지만 소득이 적을 때는 기타소득을 합산하는 경우가 세부담을 감소시킬 수 있는 방법이 될 수 있습니다. 그리고 사업소득으로 원천징수되는 경우는 3.3% 세금을 신고납부하게 되는데 사업소득은 무조건 종합소득세 신고 때 합산해야 하니까 선택이 없습니다.

● 김약사: 권리금이 기타소득인가요? 그럼 권리금을 3억원 받은 경우 무조건 합산과세해야 하나요?

● 팜택스: 권리금은 기타소득에 해당합니다. 권리금 3억원을 받은 경우 기타소득금액은 필요경비 60%를 공제한 금액인 1억2천만원이 기타소득금액에 해당합니다. 기타소득과 기타소득금액과는 다른 개념입니다. 기타소득은 받은 돈 전체를 말하고 기타소득금액은 받은 돈에서 60%를 공제한 금액을 기타소득금액이라 합니다. 기타소득금액이 300만원이 넘어가니 무조건 합산과세하여야 합니다.

Ⅰ 연금소득

국민(공무원·군인·교직원)연금 등 연말정산을 한 공적연금은 종합소득세 신고대상이 아닙니다. 다만, 아래에 해당하는 경우 종합소득세 신고대상입니다.

(1) 공적연금소득과 신고대상 다른 소득(사업소득, 근로소득, 기타소득)이 함께 있는 경우 공적연금소득과 다른 소득을 합산하여 신고하여야 합니다.

(2) 사적연금은 합계액이 연간 1,500만원을 초과하는 경우 합산신고 또는 분리과세 신고를 선택하여 신고해야 합니다.

• 연금저축계좌: 연금저축보험, 연금저축펀드, 연금저축신탁, 연금저축공제 등

• 퇴직연금계좌: 확정기여형퇴직연금계좌(DC), 개인형퇴직연금계좌(IRP) 등

Ⅱ 기타소득

일시적인 강연료·원고료 등 기타소득은 기타소득금액이 연간 300만원을 초과하는 경우에만 신고대상입니다.

• 예시: 강연료의 연간 총지급액이 800만원인 경우 기타소득금액은 320만원*

  * 강연료 기타소득금액 = 총지급액 − (총지급액 × 필요경비율) = 800만원 − (800만원 × 60%) = 320만원

계약금이 위약금·배상금으로 대체되는 기타소득(연간 소득금액 300만원 미만)이 있는 경우 분리과세로 신고하여야 합니다.

종합소득		퇴직소득	양도소득

종합과세소득	분리과세소득
· 이자소득	· 분리과세 이자소득
· 배당소득	· 분리과세 배당소득
· 사업소득	
· 근로소득	· 분리과세 근로소득 (일용근로자의 급여) (외국인근로자 과세특례)
· 연금소득	· 분리과세 연금소득
· 기타소득 (종교인소득 포함)	· 기타소득 (종교인소득 포함)

금융소득 (이자소득, 배당소득)

03 소득공제(기본공제)는 무엇을 유의해야 할까요?

> **포인트**
>
> **기본공제는 원칙적으로 부양가족의 연령이나 소득금액에 따라 결정됩니다.**

김약사: 종합소득금액이 계산이 되면 그 다음에 고려해야 할 사항이 소득공제인데 소득공제에는 어떤 것이 있나요?

팜택스: 소득공제에는 사람에 대해 기본공제와 추가공제가 있습니다. 기본공제는 모든 납세자가 받을 수 있는 공제로 본인공제, 배우자공제, 부양가족공제로 나뉩니다. 반면 추가공제는 특정요건을 충족하는 납세자에게 추가로 제공되는 공제로서 경로우대공제, 장애인공제, 한부모공제, 부녀자공제로 나뉩니다.

김약사: 기본공제 중에서 유의해야 할 사항은 어떤 것들이 있을까요?

팜택스: 개인의 소득에 대해서 세금을 계산할 때는 개인별 상황을 고려하게 됩니다. 부양가족이 많으면 생계비가 많이 드니까 그만큼 세부담을 줄여주는 부양가족 공제가 가능합니다. 이를 기본공제라고 합니다. 본인은 무조건 포함이 되고 다른 부양가족은 연령이나 소득금액에

따라 결정이 됩니다. 부양가족은 연령이 60세 이상이거나 20세 이하, 소득금액이 100만원 이하인 경우만 가능하고, 장애인과 배우자는 연령요건 없이 소득요건만 충족하면 공제가 가능합니다. **인 별로 모두 150만원씩 소득에서 공제됩니다.**

◖◗ 김약사: 거주지가 다른 부모님에 대해서 기본공제를 받을 수 있나요?

◖◗ 팜택스: 주거 형편상 따로 거주하나 실제로 부양하고 있으며, 함께 부양하고 있는 다른 형제, 자매 등이 부모님에 대하여 기본공제를 받지 않은 경우 공제할 수 있습니다. 단, 해외에 거주하는 부모님의 경우 주거의 형편에 따라 별거하고 있다고 볼 수 없으므로 부양가족공제를 받을 수 없습니다.

〈기본공제〉

구분		연령	소득금액	동거요건	
				동거	일시 퇴거허용
거주자		×	×	×	
배우자		×	100만원 (총급여 500만원) 이하	×	
부양가족	직계존속	60세 이상		△ (별거 허용)	
	직계비속·입양자	20세 이하		×	
	장애인 직계비속의 장애인 배우자	×		×	
	형제자매	20세 이하 or 60세 이상		○	○
	기초수급자	×		○	○
	위탁아동				

04 소득공제 중 추가공제는 어떤 것이 있나요?

포인트

종합소득세 신고 시 장애인의 범위는 일반적인 장애인의 범위보다 넓어 암이나 치매와 같은 중증질환의 경우도 해당될 수 있습니다.

🔵 **김약사**: 기본공제 이외에도 추가공제가 있는데, 여기서 유의해야 할 사항은 무엇일까요?

🔵 **팜택스**: 기본공제에서 고려하지 못했던 추가적인 상황들을 고려하여 장애인과 70세 이상인 경로우대공제가 있고 맞벌이 부부나 부양가족이 있는 미혼 여성이 세대주인 경우 부녀자공제가 있습니다. 그리고 한부모 가정으로 부양해야 하는 직계비속이나 입양자가 있는 경우 한부모공제도 있습니다.

🔵 **김약사**: 부녀자공제는 여자만 받을 수 있는 반면, 한부모공제는 남자도 받을 수 있는 것 같군요! 그럼 미혼여성도 부녀자공제를 받을 수 있나요?

🔵 **팜택스**: 미혼여성도 부모님을 부양하고 있다면 부녀자 공제 대상이 됩니다. 그러나, 부녀자공제는 소득금액이 3천만원을 초과하는 경우 받을 수 없고, 한부모공제와 중복해서 받을 수 없습니다. 부녀자공제가

50만원이고, 한부모공제가 100만원이니, 둘 다 적용받을 수 있다면, 한부모공제를 적용받는 것이 유리할 수 있습니다.

◖◗ 김약사: 아! 그렇군요. 장애인공제는 또 어떤 부분에 유의해야 할까요?

◖◗ 팜택스: **소득세법상 장애인의 범위는 일반적인 장애인의 범위보다 넓습니다.** 즉, **장애인복지법 상의 장애인뿐만 아니라 국가유공자와 중증환자를 포함**하고 있습니다. 예를 들어, 암이나 치매와 같은 중증질환으로 투병중이라면 종합소득세 신고할 때는 장애인으로 보고 공제할 수 있습니다. 과세기간 1년 중에 하루라도 장애인에 해당되는 날이 있으면 장애인 공제를 적용받을 수 있습니다.

05 종합소득세 신고시 장부기장을 하지 않고, 신고할 수도 있나요?

포인트

종합소득세 신고는 장부기장과 추계방식에 의한 신고를 모두 허용하고 있는데, 전문직사업자는 추계방식 중 단순경비율 신고를 원칙적으로 허용하지 않고 있습니다.

 김약사: 사업자는 장부를 기장해서 신고해야 한다고 계속 말씀하시는데, 제가 아는 친구는 매출이 얼마 안 되서 종합소득세 신고를 할 때 장부를 안 하고 신고한다고 하던데요?

팜택스: 사업자는 원칙적으로 매년 장부를 기장해서 세무서에 신고해야 할 의무가 있지만, **직전연도 수입금액이 기준금액 미만인 사업자는 단순경비율적용대상자**로 구분해서 기장하지 않고도 수입금액 중 단순경비율을 적용한 금액을 경비로 인정해서 소득을 계산하고 종합소득세를 신고하는 방법이 있습니다. **직전연도 수입금액은 도소매업 등은 6천만원, 제조업·음식점·건설업 등은 3천600만원, 부동산임대업 등은 2천400만원 미만인 경우 단순경비율적용대상자로 규정**하는데, **신규복식부기의무자, 전문직사업자, 현금영수증미가맹 사업장은 제외**됩니다.

1. 신고불성실 및 납부불성실 가산세

종류	부과사유	가 산 세 액
무신고 가산세	일반무신고	무신고납부세액 × 20%
	일반무신고 (복식복기의무자)	MAX[①, ②] ① 무신고납부세액 × 20% ② 수입금액 × 0.07%
	부정무신고	무신고납부세액 × 40%(국제거래 수반시 60%)
	부정무신고 (복식부기의무자)	MAX[①, ②] ① 무신고납부세액 × 40%(국제거래 수반시 60%) ② 수입금액 × 0.14%
납부지연가산세	미납·미달납부	미납·미달납부세액 × 미납기간 × 0.022%(2022.2.16. 이후부터) ※ 미납기간: 납부기한 다음날 ~ 자진납부일(납세고지일)

※ 무신고가산세와 무기장가산세(산출세액의 20%)와 동시에 적용되는 경우에는 그 중 가산세액이 큰 가산세를 적용합니다. 따라서 개인사업자는 납부세액의 20%가 아닌, 산출세액의 20%인 무기장 가산세가 적용되므로 가산세 부담이 더 커집니다.

2. 현행 업종별 의무 판단 시 기준금액

업 종 별	성실신고 확인	외부조정	복식부기	소득금액 추계계산
농업·임업 및 어업, 광업, 도소매업, 부동산매매업, 기타	15억	6억원 이상	3억원 이상	6,000만원 미달
제조업, 숙박 및 음식점업, 전기가스수도업, 하수폐기물처리업, 건설업, 운수업, 출판방송통신업, 금융보험업 등	7.5억	3억원 이상	1억5천만원 이상	3,600만원 미달
부동산임대업, 과학 및 기술서비스업, 사업지원서비스업, 교육서비스업, 보건업 및 사회복지서비스업, 예술·스포츠 및 여가서비스업, 수리 및 기타개인서비스업 등	5억	1억5천만원 이상	7천5백만원 이상	2,400만원 미달

겸영하거나 사업장이 2이상인 경우: 주업종(수입금액이 가장 큰 업종) 수입금액 + 주업종외의 수입금액×(주업종 기준금액/주업종 외의 업종의 기준금액)

06 복식부기의무자와 간편장부 대상자는 어떤 의미인가요?

포인트

복식부기의무자가 복식부기로 신고하지 않으면 무신고가산세 부담해야 하고, 각종 감면혜택을 받을 수 없습니다.

김약사: 앞에서 여러 가지 의무를 말씀하셨는데, 정확하게 어떻게 하라는 건지 잘 모르겠습니다. 복식부기의무자라는 말이 있던데 무슨 말입니까?

팜택스: **직전연도 수입금액이 기준금액 이상인 사업자와 전문직사업자는 복식부기의무자**인데, 수입금액은 업종마다 조금씩 다릅니다. **신규사업자와 직전연도 수입금액이 도소매업 등은 3억 미만, 제조업·음식점·건설업 등은 1.5억, 부동산임대업 등은 7천5백만원 미만인 경우 간편장부대상자**로 규정하고, **간편장부대상자가 아닌 사업자는 복식부기의무자**가 됩니다.

김약사: 아! 그럼 저 같은 경우는 전문직이라 무조건 복식부기의무자인데, 전문직이 아니라면 서비스업은 7천5백만원 이상인 경우 복식부기의무자가 된다는 말이군요. 그런데 제가 7월에 개업했고 연말까지 매출이 6천만원 정도 될 것으로 예상되는데 1년 동안 사업을 했다면 1억 2천만원으로 보아 복식부기의무자가 될 것 같습니다. 수입금액 계산 시

이렇게 연으로 환산을 해서 적용하지 않을까요?

🔵 **팜택스: 기장의무 판단 시 수입금액은 환산하지 않습니다.** 따라서 7월에 개업해도 연말까지 발생한 금액으로 비교하면 됩니다. 장부는 간편장부와 복식부기가 있는데 간편장부는 중·소 개인사업자에게 장부기장의 편의를 도모하기 위하여 쉽게 작성할 수 있도록 최대한 단순화한 것으로서 간편장부 만으로 재고관리 등을 기록할 수 없는 경우에는 사업자가 임의로 다른 보조부 등을 추가로 사용할 수 있습니다. 하지만 **복식부기는 대차를 맞추어서 작성**해야 하기 때문에 어느 정도 회계에 대한 지식이 있어야 만들 수 있습니다.

⚫ 김약사: 간편장부대상자가 복식부기로 신고를 하면 어떻게 될까요? 그리고 복식부기의무자가 복식부기로 신고하지 않으면 어떻게 될까요?

🔵 **팜택스: 간편장부대상자가 복식부기로 종합소득세 신고하면 기장세액공제(산출세액의 20%, 한도 100만원)**를 받을 수 있습니다. 그리고 **복식부기의무자가 간편장부로 신고하면 무신고가산세[일반 Max(산출세액의 20%, 수입금액의0.07%), 부당 Max(산출세액의40%, 수입금액의0.14%)]를 부담해야 하고 각종 감면혜택을 받을 수 없습니다.**

1. 간편장부대상자(소득세법 시행령 제208조)

해당 과세기간에 신규로 사업을 시작하였거나 직전 과세기간의 수입금액(결정 또는 경정으로 증가된 수입금액을 포함)의 합계액이 아래에 해당하는 사업자를 말합니다.

업 종 구 분	직전 과세기간 수입금액
① 농업·임업 및 어업, 광업, 도매 및 소매업(상품중개업 제외), 부동산매매업, 그 밖에 아래 ②, ③에 해당하지 아니하는 사업	3억원 미만
② 제조업 숙박 및 음식점업, 전기·가스·증기 및 수도사업, 하수·폐기물처리·원료재생 및 환경복원업, 건설업(비주거용 건물 건설업은 제외), 부동산 개발 및 공급업(주거용 건물 개발 및 공급업에 한함), 운수업, 출판·영상·방송통신 및 정보서비스업, 금융 및 보험업, 상품중개업, 욕탕업	1억 5천만원 미만
③ 부동산임대업, 부동산업(부동산매매업은 제외), 전문·과학·기술서비스업, 사업시설관리·사업지원 및 임대서비스업, 교육서비스업, 보건업 및 사회복지서비스업, 예술·스포츠 및 여가 관련 서비스업, 협회 및 단체, 수리 및 기타 개인서비스업, 가구내 고용활동	7천 500만원 미만

※ 단, 전문직사업자는 2007.1.1. 이후 발생하는 소득 분부터 수입금액에 상관없이 복식부기 의무가 부여됨.

2. 복식부기의무자

간편장부대상자 이외의 모든 사업자는 재산상태와 손익거래 내용의 변동을 빠짐없이 거래시마다 차변과 대변으로 나누어 기록한 장부를 기록·보관하여야 하며, 이를 기초로 작성된 재무제표를 신고서와 함께 제출하여야 합니다.

3. 장부를 기장하지 않는 경우의 불이익

복식부기의무자가 장부를 기장하지 않아 추계신고할 경우 무신고가산세[수입금액의 0.07%와 무신고납부세액의 20%(부정무신고시 40%) 중 큰 금액]와 무기장가산세(산출세액의 20%) 중 큰 금액을 가산세로 부담하게 됩니다.

간편장부대상자는 산출세액의 20%를 무기장가산세로 부담하게 됩니다.(다만, 직전 과세기간의 수입금액이 4,800만원 미만인 소규모 사업자 등은 제외)

07

6월에 종합소득세 신고를 해야 하는 경우가 있나요?

포인트

성실신고확인대상사업자는 6월에 종합소득세 신고를 합니다.

●● 김약사: 성실신고는 종합소득세를 6월에 신고한다고 하셨는데 성실신고는 또 무슨 말입니까? 다른 사업자는 불성실 신고를 해도 된다는 말은 아닐 것 같은데 말이죠.

●● 팜택스: **당해 연도 수입금액이 도소매업 등은 15억원, 제조업·음식점·건설업 등은 7.5억원, 부동산임대업 등은 5억원 이상인 경우 성실신고확인대상사업자**라고 하는데, 수입금액이 많기 때문에 세무대리인의 확인을 통해서 6월말까지 종합소득세 신고를 해야 합니다.

●● 김약사: 성실신고는 직전연도가 아니라 당해 연도를 기준으로 한다는 사실에 주의해야 할 것 같군요!

●● 팜택스: 그렇습니다. **성실신고는 직전연도가 아니라 당해 연도 수입금액을 기준으로 한다는 것에 주의**해야 합니다.

08 매출이 15억원 미만인데도 성실신고확인대상이 될 수 있나요?

포인트

수입금액은 영업외수익을 포함한 순이익(소득)의 증가를 포함한 금액이며 매출액은 기업이 그 영업의 목적으로 하는 상품 등의 판매 또는 용역의 제공을 행하고 받는 대가로 손익계산서의 매출액을 의미합니다.

김약사: 우리 약국의 매출이 14억 5천만원인데 성실신고확인대상이라고 합니다. 매출이 15억이 안되는데 성실신고확인대상에 해당하나요?

팜택스: 수입금액과 매출의 개념을 우선 이해해야 할 거 같습니다. 성실신고확인대상의 판단여부는 정확히 매출이 아니라 수입금액을 기준으로 합니다.

김약사: 수입금액과 매출액의 차이는 무엇인가요?

팜택스: 세무상 수입금액과 회계상 매출액은 다른 개념입니다. 수입금액은 매출액과 같을 때도 많지만 다를 때도 많습니다. 수입금액은 세법상 용어이고 매출액은 회계상 용어라서 그 범위가 다른 부분이 조금씩 있습니다. 예를 들어서 직원을 채용하면서 고용노동부에서 받는 지원

금과 구매자금 결제금액에 따라 지급받아 사용하는 카드포인트와 캐쉬백은 회계상으로는 잡이익 등의 계정으로 처리해서 영업외수익이 되고 매출액이 아니지만 세무상으로는 모두 수입금액에 포함시키고 있습니다.

🔘 김약사: 그런데 잡이익이든 수입금액이든 결과적으로 순이익(소득)의 증가를 가져오니까 별 차이가 없지 않습니까? 결국 같은 말로 이해해도 아무 문제가 없을 것 같군요.

🔵 팜택스: 우리같은 약국의 경우에는 무조건 장부를 복식부기로 기장해야 하니까 차이를 못 느낄 수도 있지만 장부를 기장하지 않고 추계로 소득금액을 계산해서 신고할 경우에는 차이가 발생할 수 있습니다. 추계의 경우 수입금액에 경비율을 곱해서 소득을 계산하는데, 매출액에 대해서 경비율을 적용해서 소득을 계산하는 경우와 매출액에 잡이익을 가산한 수입금액에 경비율을 적용한 경우 소득금액이 달라지고 당연히 세부담액도 차이가 발생하게 됩니다.

🔘 김약사: 그런 부분이 있었군요. 그럼 세법에서는 매출액과 수입금액을 서로 다르게 사용하고 있다고 봐야 하는군요.

다시 질문하지만 우리약국의 매출액이 14억 5천만원인데 성실신고확인대상이라고 하던데 그럼 15억이 안되더라도 성실신고확인대상에 해당될 수 있다는 얘기인가요?

🔵 팜택스: 정확히는 수입금액이 15억 이상인 경우에 성실신고확인대상입니다. 따라서 매출액이 15억원이 안된 경우라도 매출액에 다음에 해당되는 금액을 합산한 금액이 15억원이 넘는 경우에는 성실신고확인

대상에 해당합니다.

* 성실신고대상 및 기장의무 판단 시 총수입금액에 포함하여야 하는 금액

  사업용 유형자산(부동산 제외) 처분에 따른 수입금액(복식부기의무자만 해당), 카드포인트,

  판매장려금, 신용카드매출전표발행세액공제, 고용노동부 보조금, 청년 고용장려금, 두루누

  리, 부가가치세 전자신고 세액공제 등

09

"필요경비"와 "비용"은 다른 건가요?

포인트

필요경비란 사업과 관련성이 있으며 수익에 대응되는 비용을 의미합니다. 따라서 사업 관련성이 없거나 수익에 대응되지 않는다면 필요경비로 인정되지 못합니다.

◗◖ 김약사: 세무 담당자가 필요경비라는 표현을 많이 쓰던데, 저희 같은 일반인이 보통 쓰는 "비용"과는 다른 개념인가요?

◗◖ 팜택스: 비용은 회계상 용어이기 때문에 동일한 용어를 사용하면 혼동할 가능성이 있어 세무에서는 용어를 다르게 사용하고 있습니다.

◗◖ 김약사: 그럼 필요경비는 어떤 점에서 비용과 차이가 있을까요?

◗◖ 팜택스: **원칙적으로 사업과 관련된 지출은 모두 필요경비가 된다고 할 수 있지만 법규 위반 등으로 인한 가산세 등의 경우에는 세제상 혜택을 주지 않기 위해서 필요경비로 인정하지 않고 있습니다.** 필요경비로 인정된다면 소득금액을 줄여주고 세부담을 감소시키는 결과가 되기 때문에 사업주에 대한 경비는 가사용경비로 보고 인정해 주지 않습니다. 하지만 건강보험료는 인정해주고 있습니다. 지역가입자일 경우도 마찬가지입니다. 사업주의 고용보험과 산재보험도 마찬가지로 필요경비로 인정됩니다.

김약사: 그럼 국민연금도 마찬가지 인가요?

팜택스: 아닙니다. 종합소득세 신고할 때 사업주의 국민연금납입액은 소득공제 항목으로 처리되니까 필요경비로도 인정해주면 이중 공제가 됨으로 인정하지 않지만 종업원에 대한 사용자 부담분은 필요경비로 인정해 주고 있습니다. 그리고 부가가치세에서도 나왔던 면세, 접대비, 업무용승용차 차량 취득 및 유지비, 공통매입세액 안분계산 등의 사유로 매입세액 공제를 받지 못한 경우 해당 매입세액은 매입부대비용 등으로 보아 필요경비로 인정됩니다. 하지만 매입세액공제를 받지 못한 경우에도 사업주의 과실로 인한 경우에는 필요경비로 인정이 되지 않습니다.

* 필요경비인정(산입)과 필요경비로 인정되지 않는 것(불산입)

필요경비 산입	필요경비 불산입
① 판매한 약품의 매입가격 및 부동산 장부가액	① 소득세·지방소득세, 가산금·체납처분비
② 약품의 보관료, 포장비, 운반비, 판매장려금 및 판매수당	② 벌금·과료 및 가산세
③ 종업원에 대한 급여 및 경조사	③ 징수불이행 납부세액(가산세 포함)
④ 사업용 자산에 대한 수선비·유지관리비·임차료·손해보험료	④ 가사관련경비(초과인출금지급이자 등)
⑤ 복식부기의무자 업무용승용차 매각액 총수입금액 산입시 장부가액	⑤ 반출후미판매제품 개별소비세·주세 미납액(제품가액에 가산한 경우 제외)
⑥ 제세공과금, 지급이자, 감가상각비, 대손금	⑥ 부가가치세 매입세액
⑦ 근로자퇴직급여보장법에 따른 사용자부담금	⑦ 비의무적·의무불이행 등으로 인한 공과금
⑧ 건강·고용보험 사용자부담금, 건강보험 사용자 본인보험료	⑧ 업무무관경비
⑨ 단체보장성보험 및 환급보장성보험의 보험료(사업장화재보험료등)	⑨ 고의·중대한 과실로 인한 손해배상금
⑩ 판매부대비(신용카드매출시 카드수수료), 광고선전비, 불용재고폐기	⑩ 감가상각비등 한도초과액
⑪ 직장체육비등, 무료진료권, 해외시찰비등	⑪ 재고자산·외화자산외의 자산의 평가차손
⑫ 재해손실, 조합·약사협회비, 잉여식품 무료기증시 장부가액	⑫ 채권자불분명차입금이자
⑬ 종업원 출산 또는 양육지원금	

10 성실신고확인대상 사업자는 어떤 부분을 더 고려해야 하나요?

> **포인트**
>
> **약국은 소매업이므로 연간 수입금액이 15억을 초과하면 성실신고확인대상사업자입니다.**

김약사: 작년에 너무 바빴는데 5월에 종합소득세 신고를 하려고 보니 성실신고확인대상 사업자로 안내문을 받았습니다. 성실신고확인대상 사업자는 어떻게 신고해야 합니까?

팜택스: 성실신고확인대상 사업자가 되면 6월에 종합소득세 신고를 하면서 각종 첨부서류를 추가로 제출해야 하는 의무가 발생합니다.

김약사: 수입금액이 40억이고 이익이 20억입니다. 세제혜택은 따로 없나요?

팜택스: 성실신고확인대상 사업장은 근로소득이 있는 경우에만 공제받을 수 있는 **의료비·교육비·월세세액공제**를 받을 수 있습니다. 특이한 점은 근로소득자는 공제받는 것으로 끝나지만 성실신고확인대상 사업장은 **20% 농특세를 추가로 부담**하게 됩니다. 그리고 **성실신고확인비용 세액공제를 120만원 한도**로 받을 수 있습니다.

🔘 김약사: 근로소득자는 없는데 왜 성실신고확인대상 사업자는 농특세를 납부해야 합니까?

🔵 팜택스: 특별세액공제 규정이 원래 소득세법에 있는데, **성실신고확인대상 사업자의 의료비·교육비·월세세액공제는 조세특례제한법에 규정**되어 있어서 다소 차이가 있습니다.

🔘 김약사: 신고는 6월에 하게 되면 6월말까지 모두 신고납부해야 합니까? 세금이 억대가 나와서 바로 내기가 힘든 상황입니다.

🔵 팜택스: **소득세의 경우 중소기업은 납부세액이 천만원을 초과하면 2개월 이내 분납**이 가능합니다. 그리고 **지방소득세는 납부세액이 백만원 초과 시 2개월 이내 분납**이 가능합니다. 납부기한연장신청을 할 수도 있는데, 납부세금이 많으면 담보를 제공해야 합니다.

🔘 김약사: 그리고 전에 종합소득세 신고를 하고 나면 건강보험 정산을 하게 된다고 하셨는데 20억에 8%를 계산하면 건강보험 정산이 1.6억 가까이 나옵니다. 그리고 작년 소득이 20억으로 신고하면, 월 소득이 1억6천인데, 건강보험(장기요양보험료 포함) 8%와 국민연금 9%를 합해서 매월 2천7백만원씩 건강보험과 국민연금을 납부해야 합니까?

🔵 팜택스: 성실신고확인대상 사업자는 7월에 건강보험 정산이 이루어지는데, 건강보험 소득월액 상한을 적용하면 1억 정도 건강보험료가 계산됩니다. **정산보험료가 당월보험료의 100% 이상일 경우 최대 12개월간 정산보험료를 분할납부**할 수 있습니다. 2025년 건강보험 보수월액 상한은 127,056,982원으로 월 납부 건강보험료(장기요양보험료 포함)는

10,164,000원 정도가 됩니다. 그리고 국민연금은 월 617만원이 상한이라 55만원 정도 부과됩니다. 건강보험료(장기요양보험료 포함)과 국민연금 합계의 상한금액은 월 1,070만원 남짓이 됩니다.

▣ 김약사: 그래도 상한이 있어서 건강보험과 국민연금 부담은 다소 줄어들 것 같습니다.

<**건강보험 및 국민연금 상한 및 하한**>

구분	소득월액	월건강보험	기준소득월액	월국민연금
상한액	127,056,932	9,008,340	6,170,000	555,300
하한액	279,266	19,780	390,000	35,100

* 국민연금 2025년 7월분부터 2026년 6월분까지 기준소득월액 상한액 6,170,000원에서 6,370,000원으로 상향 적용.

11

업무용승용차가 무엇인가요?
업무용승용차는 어떻게 관리해야
하나요?

포인트

경차나 트럭 또는 9인승 이상이 아니라면, 업무용승용차로 분류되어 임직원전용자동차보험가입의무와 운행일지 작성의무가 있으면 한도 이내의 금액만 경비로 인정됩니다.

🔘 **김약사**: 지난번에 업무용승용차에 대해서도 유의해야 한다고 말씀하셨는데, 업무용승용차가 무슨 말입니까?

🔵 **팜택스**: 실제는 승용차를 개인적인 용도로 사용하면서, 사업장에 경비로 처리하는 경우 세무상 경비로 인정받지 못하도록 하기 위해서 만든 규정이라고 할 수 있는데, 따라서 업무용승용차의 범위에는 경차나 트럭 및 9인 이상 차량은 제외되고 있습니다. 개별소비세가 부과되는 차량을 업무용승용차로 정하고 있기 때문에 차량구입시 개별소비세가 부과되는지 여부를 확인해 보면 가장 정확합니다.

🔘 **김약사**: 그럼 모든 사업자가 똑같이 적용되는 건가요? 구체적으로 어떤 부분을 주의해야 합니까?

🔵 **팜택스**: 현재 복식부기의무자만 적용되는데, 업무용승용차 관련

비용을 감가상각비와 기타경비로 구분한 후 한도초과되는 금액을 필요경비로 인정하지 않습니다. 약사는 전문직사업자로서 복식부기의무자에 해당됩니다. 업무용승용차에 대해서는 운행기록부를 작성해야 하는데, 차량을 운행할 때마다 어떤 용도로 운행을 했는지 세부적으로 작성해야 하기 때문에 실무적으로 제대로 작성하기 힘든 부분이 많습니다. 한 대를 초과하는 차량에 대해서는 자동차보험가입 시 임직원전용자동차보험 가입의무가 있습니다.

🔘 **김약사:** 업무용승용차가 여러 대 있다면 차량 운행기록부 때문에 직원을 새로 고용해야 하는 상황이 발생할 수도 있을 것 같습니다. 운행기록부를 작성하지 않으면 어떻게 됩니까?

🔵 **팜택스:** 업무용승용차의 차량관련경비의 기본한도는 1,500만원으로 이중 감가상각비가 800만원(5년간 정액법 상각)인데, 차량관련 경비에는 감가상각비, 임차료, 유류비, 자동차세, 보험료, 수리비, 통행료 등을 모두 포함합니다. 운행기록부를 작성하지 않으면 한도가 줄어드는 반면 운행기록부를 작성하면 한도가 늘어나는 특징이 있습니다. 전문직의 경우 1대를 제외한 나머지 차량에 대하여 임직원전용자동차보험에 가입하지 않으면 전액 경비로 인정되지 않습니다. 그리고 결산 시 업무용승용차명세서를 제출하지 않으면 가산세(1%)가 있습니다.

🔘 **김약사:** 감가상각비가 정액법으로 5년간 800만원씩 한도라면 취득가액이 4천만원 이하인 경우만 한도에 걸리지 않는다고 보아야 할 것 같군요. 그런데 리스나 렌트로 하면 감가상각비가 없으니, 리스료나 렌트비가 연간 1,500만원 이하면 업무용승용차 한도 계산시 취득하는 것보다 리스나 렌트가 더 유리하지 않을까요?

팜택스: 리스의 경우 리스료의 93%, 렌트의 경우 렌트료의 70%를 감가상각비로 보아 한도 계산을 하는데, 보통 리스나 렌트를 하는 경우 고가인 경우가 많아, 리스료나 렌트료가 연간 1,200만원이라면, 리스의 경우 1,116만원(1,200만원×93%), 렌트의 경우 840만원(1,200만원×70%)이 감가상각비로 산정되어 이미 800만원을 넘는 한도 초과 금액이 발생합니다. 그래서 리스나 렌트로 하면 한도 초과되는 금액이 더 많아져서 세무상 비용으로 인정되지 않는 금액이 많아질 것 같습니다.

※ 업무용승용차(간편장부대상자 제외)

1. 업무용승용차는 소유·임차한 자동차로서 개별소비세 부과대상 승용자동차
2. 승용차 관련 비용이 연간 기본한도 1,500만원[감가상각비(5년간 정액법)는 800만원]
3. 차량 관련비용은 감가상각비, 임차료, 유류비, 자동차세, 보험료, 수리비, 통행료 등
4. 임차차량 감가상각비상당액
   ① 리스차량: 리스료 중 보험료, 자동차세, 수선유지비를 차감한 금액
      (수선유지비를 구분하기 어려운 경우 리스료(보험료, 자동차세 제외)의 7%)
   ② 렌트차량: 렌트료의 70%
5. 업무용승용차 감가상각 의무화– 5년 정액법
6. 약사 등 전문직은 1대 초과분 전용보험 가입의무가 있음
   전문직 및 (직전)성실신고확인대상자는 미가입시 24년부터 전액 불산입
7. 결산 시 업무용승용차명세서를 제출하지 않으면 가산세(1%)
8. 폐업 및 사망시 세무상 유보 금액 전액 추인(필요경비 산입)

12

기부금은 필요경비로 인정받을 수 있다고 들었습니다. 가능한가요?

포인트

가능합니다. 기부금은 기부금 한도 내에서 필요경비로 인정받을 수 있습니다.

🔘 **김약사**: 종합소득세 신고를 하면서 보니 개인사업자는 근로소득이 없기 때문에 소득공제나 세액공제를 받을 수 있는 항목이 별로 없는 것 같습니다.

🔵 **팜택스**: 대부분 소득공제나 세액공제가 근로소득자에게 집중되어 있습니다. 예전부터 근로소득자는 사업소득자에 비하여 상대적으로 세부담이 높다는 인식이 강하기 때문입니다. 기부금의 경우 사업소득자는 필요경비로만 산입할 수 있도록 규정하고 있어서 세액공제를 받을 수 없습니다. 사업소득 이외의 타소득이 있다면 한도 내에서 세액공제를 하는 것이 유리할 수도 있습니다. 그리고 **기업업무추진비는 사업과 관련해서 지출되는 경비이고 기부금은 사업과 관련 없이 지출된다는 점에서 중요한 차이**가 있습니다.

🔘 **김약사**: 딸 명의로 굿네이버스 기부금이 있습니다. 이것도 제가 공제받을 수 있을까요? 사업장에서 공제받으려면 사업자번호로 기부금

영수증을 받아야 할 것 같아서요.

⬤▌ 팜택스: 정치자금기부금과 고향사랑기부금을 제외한 **특례기부금과 일반기부금은 기본공제대상자가 지출한 기부금도 공제**할 수 있습니다. 그리고 **사업자번호가 아니더라도 주민등록번호로 받은 기부금에 대해서도 사업소득에서 필요경비로 산입**할 수 있습니다.

⬤▌ 김약사: 제가 교회에 다니고 있어서 기부금영수증은 받을 수 있는데요. 매달 자동이체로 헌금을 하는 금액이 있습니다. 그런데 연말에 통장에 잔고가 없어서 올 초에 결제가 되었는데, 교회에서는 그냥 작년 분에 포함해서 기부금 영수증을 만들어 주어시 받은 대로 신고하려고 합니다.

⬤▌ 팜택스: 기부금은 철저히 현금주의로 하기 때문에 실제로 지출된 날짜로 해서 필요경비에 산입할 수 있습니다.

13

기업업무추진비를 비용 인정받으려면 어떻게 준비해야 하나요?

포인트

기업업무추진비(접대비)는 증빙서류에 대한 엄격하게 규정이 적용되고 사용한도에 대한 규정이 있습니다.

김약사: 제가 다른 비용들에 비해서 기업업무추진비가 적은 편이라고 합니다. 최소 3,600만원까지는 기업업무추진비로 비용처리받을 수 있다고 하는데, 기업업무추진비는 한도까지 비용처리하려면 어떻게 해야 하나요?

팜택스: 기업업무추진비는 증빙서류에 대한 규정이 엄격하게 적용되어 간이영수증의 경우 3만원 이하만 인정하고 있습니다. 결국 접대는 무조건 신용카드로 결제하는 것이 좋습니다. 특히 명절에 상품권을 구입하는 경우 현금으로 지급하면 기업업무추진비로 인정이 되지 않습니다. 그리고 경조사의 경우 20만원을 한도로 기업업무추진비로 인정해 주고 있으니 거래처의 결혼식이나 장례식에서 부조를 할 경우 20만원까지는 청첩장 같은 서류만 있으면 다른 증빙이 없어도 전액 인정해 주고 있습니다. 하지만 20만원을 초과하면 전액 인정해 주지 않습니다.

● 김약사: 상품권을 사려고 백화점에 가면 아예 카드를 받지 않으려고 하는데, 어떻게 해야 할까요?

● 팜택스: 체크카드나 현금영수증으로 결제하는 방법이 가장 좋습니다.

상품권은 유가증권이므로 상품권을 살 때 비용 처리가 되는 것이 아니라 상품권을 사용할 때 비용 처리가 됩니다.

상품권 세무 처리에 대해서 간략하게 설명드리자면, 상품권을 직원들에게 명절 선물 등으로 지급하게 되면 직원의 근로소득에 반영 후 인건비(복리후생비)로 비용 처리하고, 상품권을 거래처에 지급하면서 기업업무추진비로 비용처리 하려면 상대방에게 지급한 상품권으로 기타소득으로 보고 원천징수해야 합니다.

기업업무추진비 비용 인정을 받기 위해서는 위에서 살펴보았듯이 적격증빙 자료를 갖추는 것이 중요합니다.

● 김약사: 기업업무추진비도 복잡하게 규정을 하고 있군요. 그런데 사업장이 2군데 이상이면 각각 사업장에서 기업업무추진비 기본한도는 3,600만원씩 인정이 되는 겁니까?

● 팜택스: **기업업무추진비 기본한도 3,600만원은 사업장별 한도가 아니라 사업자별 한도**라고 보아야 합니다. **사업장이 여러 개가 있으면 수입금액으로 기본한도 3,600만원을 안분**해서 적용하지만 공동사업장은 별개의 사업장으로 인정되어 따로 계산을 해야 합니다.

14

고정자산의 경우 감가상각을 통해 비용처리를 할 수 있다고 하는데, 구체적으로 어떻게 해야 하나요?

포인트

고정자산은 감가상각을 통해 한도 내에서 경비로 인정받을 수 있습니다. 하지만, 중소기업특별세액감면 등을 받는 경우 감면받는 과세기간에 상각을 안 하다가 이후 과세기간에 감가상각을 하면 감면받은 기간에 대해서 감가상각을 한 것으로 보는 감가상각의제가 있고, 취득가액이 100만원 이하이거나 개별 자산별 수선비가 600만원(자산가액의 5%) 미만인 경우 바로 필요경비로 처리할 수 있는 즉시상각의제 규정도 있습니다.

김약사: 고정자산의 경우 감가상각을 통해 비용처리를 할 수 있다고 하는데 구체적으로 어떤 내용인지 알 수 있을까요?

팜택스: 약국을 개국하실 때, 인테리어나 컴퓨터 등 비품을 구매하셨는데, 이런 고정자산은 몇 년 이상 사용하는 것이 일반적이라 바로 비용처리하지 않고 감가상각을 통해서 비용처리합니다. 업무용승용차는 5년간 정액법으로 상각하지만 나머지 인테리어나 비품 등은 5년으로 정률법으로 상각하면 됩니다.

김약사: 만약 제가 승용차를 4천만원에 구입한 경우에 바로 경비

처리가 되지 않는다는 말씀이신거죠?

🔵 **팜택스**: 업무용승용차를 구입하는 경우 구입비용 중 4천만원은 경비처리가 가능합니다. 그런데 살 때 한꺼번에 4천만원을 경비처리하는 것이 아니고 5년에 걸쳐서 비용처리를 한다는 것입니다. 5년에 걸쳐 비용처리를 한다는 내용을 5년 동안 감가상각을 한다라는 의미로 받아들이시면 됩니다.

⚫ **김약사**: 모든 자산은 감가상각을 통해 경비처리를 하는 건가요? 제가 컴퓨터 모니터를 20만원을 주고 산 경우에도 감가상각을 통해 5년간 경비로 인정되는 건가요?

🔵 **팜택스**: 취득가액이 100만원 이하의 소액자산인 경우와 수선비가 600만원 미만인 경우 감가상각을 하지 않고 그냥 경비로 처리하는 경우에도 세법에서는 즉시상각의제 규정을 적용해서 인정하고 있습니다. 금액이 적어서 바로 전액을 감가상각한 것으로 봐 주겠다는 것으로 볼 수 있습니다.

⚫ **김약사**: 그럼 100만원 초과하는 자산의 취득가액은 무조건 감가상각을 해야 한다는 말씀이군요!

🔵 **팜택스**: 그리고 중소기업특별세액감면을 받는 경우에는 감가상각을 하는 것이 좋습니다. 감면 등을 받는 과세기간에 감가상각을 안 하다가 이후 과세기간에 감가상각을 하면 감면받은 기간에 대해서 감가상각을 한 것으로 보고 감가상각비 한도를 계산하도록 합니다. 감가상각을 안 하게 되면 소득이 높아져서 중소기업특별세액감면을 더 받을 수 있는 결과가 되기 때문에 그렇습니다. 이를 감가상각의제라고 합니다.

15

약국 규모나 지역에 따라 세금 혜택이 달라지나요?

포인트

약국도 중소기업입니다. 중소기업의 정의는 원칙적으로 중소기업기본법을 따르고 있지만, 세법 적용 시 조세 정책적 목적에 따라 조금씩 다르게 규정하고 있습니다.

◑ 김약사: 중소기업이라는 말을 많이 듣는데, 약국은 개인사업자인데 중소기업이 될 수 있습니까? 기업이라고 해서 법인이 되어야 하는 건 아니겠죠?

◑ 팜택스: 중소기업의 정의는 원칙적으로 중소기업기본법의 정의를 따르고 있습니다. 세법에서는 법 적용시마다 조금씩 다르게 중소기업의 범위를 정하고 있기 때문에 실제 법을 적용하는 과정에서는 일일이 확인할 수 밖에 없습니다.

◑ 김약사: 그럼 일반적으로 중소기업기본법과 세법의 중소기업의 차이는 어떤 것이 있을까요?

◑ 팜택스: 중소기업기본법에서는 업종을 구분하지 않고 3년 평균매출액으로 중소기업여부를 확인합니다. 그러나 **세법에서는 업종 중 소비성서비스업을 제외한 후 당해 사업연도 매출액으로 중소기업여부를 판정**합니다.

◖◗ 김약사: 어쩐지 지난 번에 신고를 하려고 보니, 신고서 상에는 당해 연도 매출액만 기재되도록 신고서가 만들어져 있더라구요. 세법은 당해 연도 매출액 만으로 중소기업을 판정하는군요!

◖◗ 팜택스: 약국은 소매업이라 매출액이 50억을 초과하지 않으면 중소기업에 해당됩니다. 중소기업에 해당될 경우 각종 세제상 혜택이 있는데 대표적인 것이 중소기업에 대한 특별세액감면입니다. 한도는 1억원인데 **약국은 소매업이라 매출액이 50억 이하인 경우 중소기업특별세액감면 10%를 적용**받을 수 있습니다.

◖◗ 김약사: 세금이 10% 줄어드는난 말씀인 것 같은데, 나름대로 큰 금액이 될 수 있을 것 같습니다. 그리고 지역에 따라 다소 달라 지나요?

◖◗ 팜택스: 소기업인 경우, 즉 매출액이 50억 이하인 경우는 수도권이냐 지방이냐에 따라 달라지지 않습니다. 그런데 50억을 초과하는 경우에는 수도권에서는 감면을 받을 수 없는 반면 지방에서는 10%가 아닌 5% 감면을 받습니다.

중소기업에 대한 특별세액감면

구분	본점이 수도권		본점이 지방			
	중기업	소기업	중기업		소기업	
			수도권사업장	지방사업장	수도권사업장	지방사업장
도소매, 의료	–	10%	–	5%	10%	10%

※ 감면비율은 사업장별로 적용하며, 감면한도 1억(고용인원 감소 시 인당 5백만원 감소)

16

세법상 각종 의무를 위반한 경우 어떤 불이익이 있습니까?

포인트

현금영수증 미가맹이나 사업용계좌미개설의 경우 가산세와 함께 중소기업특별세액감면을 받을 수 없습니다. 지연된 경우도 동일 합니다.

🔘 **김약사:** 저는 처음부터 알려주셔서 현금영수증 가맹점도 가입했고, 사업용계좌도 개설했는데, 어떤 약사님은 모르고 있다가 한 달 늦게 현금영수증 가맹점에 가입했고, 사업용계좌도 개설했는데, 종합소득세 신고 안내문을 보니 미가맹, 미개설이라는 용어가 안내문에 나와 있습니다.

🔵 **팜택스:** **현금영수증 미가맹의 경우 미가맹 수입금액의 1%의 가산세** 가 있고, **사업용계좌미개설은 수입금액의 0.2%의 가산세**가 발생합니다.

🔘 **김약사:** 그런데 사실상 현금영수증을 발급할 일이 없어도 현금영수증미가맹 가산세를 부담해야 합니까?

🔵 **팜택스:** 세금계산서와 신용카드로 모두 결제되어 현금영수증을 발급할 일이 전혀 없었다면 현금영수증미발급 가산세는 없습니다.

🔘 **김약사:** 그런데 그 약사님 같은 경우 아예 안한게 아니고 한 달

늦게 했는데 그래도 감면을 해주지 않습니까?

🔵 팜택스: 지연된 경우에도 감면은 배제됩니다. 참고로 **무신고·기한후신고 및 협력의무 위반(사업용계좌, 현금영수증가맹점가입, 카드현영발급거부 등)의 경우,** 조특법 제6조【창업중소기업 등에 대한 세액감면】, 조특법 제7조【중소기업에 대한 특별세액감면】, 조특법 제96조【소형주택 임대사업자에 대한 세액감면】등 대부분의 감면이 배제됩니다.

🔵 김약사: 기한내 신고하는 것이 매우 중요하군요!

17

종합소득세 계산구조와 공제 시
주요사항을 알려주세요.

> **포인트**
>
> 종합소득금액에서 소득공제를 차감하면 종합소득세 과세표준이
> 계산됩니다. 과세표준은 세율을 곱하면 산출세액이 나오고 여기
> 에 세액공제와 감면을 공제한 후 가산세를 가산한 후 기납부세액
> 을 공제하면, 납부(환급)할 세액이 계산됩니다.

🔘 **김약사**: 종합소득세 신고를 하면서 느끼는 부분인데, 세금도 너무 많지만 4대보험도 만만치 않다는 생각을 하게 됩니다.

🔵 **팜택스**: 종합소득세 세율은 6%에서 45%까지입니다. 종합소득세 과세표준이 10억 초과할 경우 45%의 세율이 적용되는데, 여기에 지방세 10%(4.5%)를 합하면 거의 50%가 됩니다. 그리고 건강보험료와 장기요양보험료(8%)와 국민연금(9%)을 합하면 67%가 됩니다. 거의 이익의 2/3를 다시 내야 하는 구조가 됩니다.

🔘 **김약사**: 왜 법인전환을 하려고 하는지 이제야 이해가 되는군요! 열심히 일을 했는데 국가에서 2/3를 가져가고 사업주는 1/3밖에 못 가져가니, 일한 사람이 더 많이 가져가야 하지 않을까요?

🔵 **팜택스**: 임대소득은 별개로 보지만, 대부분의 **사업소득은 이월결손**

금이나 결손금이 발생할 경우 다른 소득에서 **공제**할 수 있습니다. 그런데 주의해야 할 부분은 **4대보험은 정산 시 통산하지 않습니다.**

🔘 김약사: 그럼 두 개 사업장을 운영하면서 한 사업장은 결손이고, 다른 사업장이 이익이 발생하면 세금 계산 시에는 합해서 계산하니 결손만큼 이익이 줄어드는데, 4대보험은 그렇게 하지 않는다는 말인가요?

🔵 팜택스: 그렇습니다. 결손인 사업장은 무시하고 소득이 발생한 사업장에 대해서만 4대보험을 부과할 수 있기 때문에 종합소득세 신고를 할 때는 세금만 생각하시면 안 되고, 4대보험까지 같이 생각하셔야 합니다.

결손인 사업장인데 상용근로자가 있다면 상용근로자 중 급여가 가장 높은 근로자의 급여 기준으로 건강보험료가 고지됩니다. 사업이 안되어 손실이 발생했음에도 건강보험료는 직원 급여 기준으로 발생하니 국장님 입장에서 힘든 상황이 생길 수 있습니다.

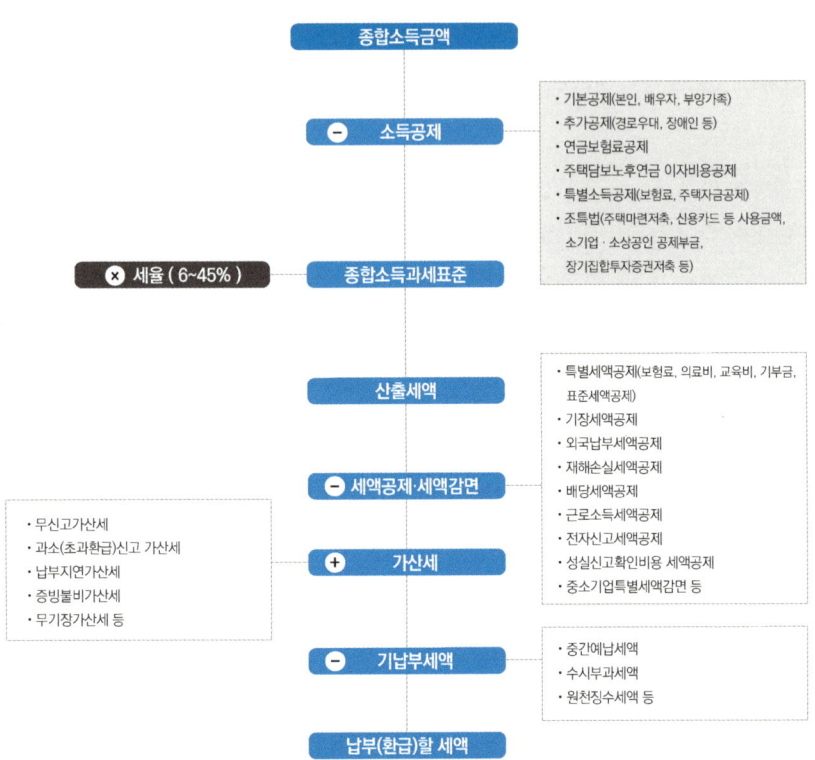

〈종합소득세 세율(2023년부터 현재까지)〉

과세표준	세율	누진공제
14,000,000원 이하	6%	–
14,000,000원 초과 50,000,000원 이하	15%	1,260,000원
50,000,000원 초과 88,000,000원 이하	24%	5,760,000원
88,000,000원 초과 150,000,000원 이하	35%	15,440,000원
150,000,000원 초과 300,000,000원 이하	38%	19,940,000원
300,000,000원 초과 500,000,000원 이하	40%	25,940,000원
500,000,000원 초과 1,000,000,000원 이하	42%	35,940,000원
1,000,000,000원 초과	45%	65,940,000원

18 주택을 임대할 경우 임대소득과 사업자등록은 어떻게 될까요?

포인트

주택 1채만 소유하고 있다면 발생하는 임대소득은 비과세입니다. 비과세인 경우에도 사업자등록을 해야 하고, 임차인은 월세액 세액공제를 받을 수 있습니다.(12억 초과 고가주택 제외)

김약사: 제가 약국하고 집이 너무 멀어서 출퇴근 시간이 많이 걸립니다. 올해는 약국과 가까운 곳에 집이 있는 게 좋을 것 같아서 기존 주택은 임대하고 새 아파트로 이사를 가려고 합니다. 임대의 경우는 어떤 점에 유의해야 합니까?

팜택스: 만일 이사가는 아파트를 전세나 월세로 하면 주택이 하나 밖에 없으니까 기준시가 12억이 넘는 고가주택이 아니라면 소득세 신고를 할 필요가 없습니다. 그러나 새로 아파트를 취득하면 부부합산 2주택이 되니까 월세는 무조건 신고해야 합니다. 만일 또 다른 주택이 있어서 3주택 이상이 된다면 전세보증금 합계 3억 초과분에 대해서 소득을 계산해서 신고를 해야 합니다.

김약사: 주택을 임대해서 소득이 있으면 사업자등록을 해야 하나요? 만약 안하면 어떻게 되나요?

●● **팜택스**: 2주택 이상이면서 월세를 받는 경우에는 사업자등록을 반드시 하여야 합니다. 3주택자의 경우에는 월세를 받거나 임대보증금이 3억 이상인 경우에는 반드시 사업자등록을 하여야 합니다. 사업자등록을 하지 않는 경우 사업개시일로부터 사업자등록을 신청한 날의 직전일까지 주택임대수입금액의 0.2%에 해당하는 가산세를 납부하여야 합니다.

●● **김약사**: 월세가 1백50만원으로 1년동안 1천8백만원의 월세 수입이 있었는데 이것도 소득세 신고를 해야 하나요?

●● **팜택스**: 2주택 이상인 경우에는 월세가 2천만원 이하인 경우 분리과세를 선택할 수 있고 2천만원 이상인 경우에는 종합과세로 과세를 합니다. 따라서 1천8백만원인 경우 14%의 세율을 적용해서 신고하거나 종합과세세율을 적용해서 신고해야 합니다.

●● **김약사**: 월세를 2백으로 올릴예정입니다. 그렇게되면 1년 임대료가 2천4백만으로 2천만원을 넘어서게 되어 종합과세해야 하나요?

●● **팜택스**: 네 그렇습니다.

●● **김약사**: 그럼 종합과세할 때 2천만원까지는 14%로 과세하고 2천만원이 넘어가는 4백만원에 대하여 종합과세 세율이 적용되나요?

●● **팜택스**: 그렇지 않습니다. 2천만원이 넘어서는 경우에는 전액 종합과세 세율이 적용됩니다.

●● **김약사**: 금융소득은 2천만원이 넘어가는 부분만 종합과세 세율이

적용되지 않나요?

⬤ **팜택스:** 금융소득의 경우 2천만원이 넘어가는 부분에 대하여만 종합과세되지만, 주택임대소득의 경우 2천만원이 넘어가는 경우 전체금액 모두 종합과세 세율이 적용되어 집니다.

⬤ **김약사:** 월세를 신고해야 한다는 점은 이해가 되는데 보증금에 대해서 세금신고를 해야 한다는 말인가요?

⬤ **팜택스:** 전세보증금을 받게 되면 정기예금이자율(2024년 3.5%, 2025년 3.1%)에 상당하는 금액을 수입으로 보고 신고를 해야 합니다. 그러나 전부다 과세되는 것은 아니고 3억 초과분의 60%만 과세하니 전세보증금에 대해서 과세되는 금액은 생각처럼 많지는 않습니다. 주택이 아니라 상가를 임대한다면 무조건 부가가치세와 소득세 신고를 해야 하고 상가는 보증금에 대해서 계산할 때 건설비 명목으로 취득가액을 차감해서 전세보증금에 대한 간주임대료를 계산할 수 있습니다. 소형주택(주거전용면적 40㎡ 이하이면서 기준시가 2억원 이하)은 보증금 과세 대상 주택수 산정시 제외됩니다.

> ### ※ 주택임대 과세요건

- 수입금액 2천만원 초과 시 종합과세(소득세법 제12소, 제14조, 제25조)
- **월세**: 부부합산 2주택 이상 소유자만 과세
  - 기준시가 12억원 초과주택 및 국외소재 주택은 1주택도 과세
- **보증금, 전세**: 부부합산 **비소형주택** 3채 이상 소유자의 비소형주택의 보증금 및 전세금에 대해서만 과세
- 주택임대 수입금액 계산방법: ①월세수입금액+②보증금 등에 대한 간주임대료

19 단기적인 절세 전략은 무엇이 있을까요?

포인트

매출, 매입, 인건비 관리를 하여 누락이 없도록 해야 합니다.

◐▷ **김약사:** 신고해야 하는 것이 너무 많아서 머리가 아픕니다. 단기적인 절세 효과를 보고 싶으면 무엇을 유의해야 할까요?

◐▷ **팜택스:** 약국의 경우 복식부기의무자이기 때문에 지켜야 할 규정이 많습니다. 절세의 가장 큰 부분은 증빙관리를 잘 하는 것입니다. 매출, 매입, 인건비, 임차료 등 사업과 관련된 모든 거래는 사업용 계좌를 이용해야 합니다.

◐▷ **김약사:** 그런데 경비는 계속 발생하는데 항상 증빙을 챙기는 것은 쉽지 않습니다. 추가적인 신고를 통해서 경비를 인정받는 방법은 없을까요?

◐▷ **팜택스:** 솔직히 세금계산서와 계산서, 신용카드 및 현금영수증 사용분을 제외하고 발생하는 경비는 인건비가 대표적입니다. 만일, 잠깐 일하다가 간 사람이 있다면 일일이 정규적으로 신고해서 4대보험을 부담할 필요 없이 기타소득이나 사업소득으로 경비신고를 하면 인건비로

인정받을 수 있습니다. 그리고 **경조사 등이 있으면 영수증을 잘 챙겨서 기업업무추진비로 신고**할 수 있습니다.

🔵◖ 김약사: 그렇군요! 그런데 잠깐 도와준 분들에게 기타소득이나 사업소득을 신고하면 본인들이 소득이 발생해서 다른 사람 부양가족으로 들어갈 수 없고, 경우에 따라 기초생활수급자, 근로장려금, 자녀장려금 등의 사유로 신고를 기피하는 경우가 많습니다. 그래도 일단 이야기해 보고 신고가능한 사람은 인건비 신고를 해야 할 것 같군요.

🔵◖ 팜택스: 종합소득세 신고를 할 때마다 종합소득세가 많다고 하는 분들이 있는데, **인건비 신고를 제대로 안하게 되면 그 사람이 부담해야 하는 세금과 4대보험을 약사님이 대신 납부하는 것**입니다. 그러면 당연히 세금과 4대보험이 많지 않을까요?

🔵◖ 김약사: 그렇군요. 부지런히 증빙관리를 해야겠습니다. 우리 약국 업종만의 특이한 비용은 없을까요?

🔵◖ 팜택스: 약국의 경우 차등수가제도라는 것이 있어서 약사가 1일 75건 이상 조제를 하는 경우 청구액이 삭감이 됩니다. 매출신고 시점과 삭감 시점이 다르기 때문에 청구 이후 삭감내역을 알 수가 있습니다. **국민건강보험공단의 연간지급내역통보서에서 삭감내역을 확인할 수 있으니 소득세 신고 시, 비용으로 처리**하여 세금을 더 내는 일이 없도록 유의해야 할 것입니다.

20

장기적인 절세 전략은 무엇이 있을까요?

포인트

소득을 적게 신고하면 추후 부동산 취득시 자금 출처 부족으로 세무조사를 받을 수 있습니다. 따라서 조세특례제한법상 세액공제, 세액감면 등을 통해 절세하는 것이 가장 바람직합니다.

◐ **김약사**: 사업자는 근로자와 비교해 소득공제나 세액공제 혜택이 너무 적은 것 같습니다. 소득을 최대한 적게 신고하여 세금을 줄여야 이득이라는 생각이 드는 건 어쩔 수가 없는 것 같아요.

◑ **팜택스**: 꼭 그렇지만은 않습니다. 소득신고를 적게 하면 향후 주택이나 부동산 등을 구매할 때 자금 출처를 인정받지 못해서 세금을 더 내는 경우가 많습니다. 꼭 종합소득세를 적게 신고하는 것이 유리하지는 않습니다. 근로자보다는 소득공제나 세액공제가 적지만 노란우산공제와 개인연금저축제도를 활용하고 인적공제 부분을 꼼꼼하게 챙겨서 조금이라도 절세를 하도록 하는 것이 좋습니다.

※ 재산취득자금등의 증여추정

– 자금출처조사 배제(10년 이내 재산취득금액·채무상환가액이 아래에 미달 시)

구 분	취득재산		채무상환	총액한도
	주택	기타자산		
40세 이상	3억원	1억원	5천만원	4억원
30세 이상	1.5억원	5천만원	5천만원	2억원
30세 미만	5천만원	5천만원	5천만원	1억원

⋯→ 10억 미만 80% 이상 소명/10억 이상은 미소명 금액 2억 미만인 경우 전체인정

■ 자금출처조사와 PCI 분석

국세청에서는 전산화된 시스템을 적극 활용하여 과세자료를 체계적으로 관리하고 분석하고 있으며, 주요 시스템으로는 국세통합시스템(TIS)과 소득-지출 분석시스템(PCI)이 있습니다.

국세통합시스템(TIS)를 통해서는 다음과 같은 자료를 파악할 수 있습니다.

– 소득 자료 검색: 개인의 급여, 이자 소득 원천징수내역, 종합소득세 신고 내역 등 광범위한 자료 검색
– 소비 지출 자료 검색: 신용카드 및 현금영수증 결제 내역, 세금계산서 발행 내역 등
– 재산 변동 자료 검색: 부동산 취득, 보유, 매각 현황은 물론, 주식 변동 현황, 외국환매각, 해외송금 내역까지 납세자의 자산과 재정 활동 종합적으로 확인.

소득-지출 분석시스템(PCI)은 납세자가 신고한 소득, 재산 증가, 소비 내역을 체계적으로 분석하여 탈세 가능성을 식별하는 시스템으로, 국세청이 보유한 다양한 과세 자료를 바탕으로 납세자의 경제활동을 분석하여 자산 취득과 소비가 수입과 일치하는지를 검토하는 기능을 합니다.

특히, 고액 자산 취득 시 자금 출처를 확인하여, 미성년자와 같이 소득이 적거나 자산 취득 능력이 부족한 사람이 고가의 자산을 취득할 경우 탈세 여부를 조사하는 데 활용됩니다.

* 소득-지출 분석시스템(PCI) 활용 사례

최근 5년간 종합소득금액 5억원을 신고하였으나, 35억원에 상당하는 고급주택에 거주하고, 고급승용차를 2대 소유하며, 자녀 2명을 미국으로 유학보내는 등 소득 대비 소비 수준이 과다한 것으로 분석되었으며, 최근 30억 원 상당의 상가건물을 취득함.

• 최근 5년간 신고한 종합소득금액: 5억원
• 5년간 소비액: 4억원
• 재산증가금액: 상가건물 30억 원
• 탈루혐의 추정액: 21억원
  재산취득(30억원) + 소비 (4억원) – 신고소득(5억원) = 21억원(탈루추정)
  → 따라서, 부동산을 취득하거나 대출을 상환하는 등 큰 금액이 집행되어야 한다면, 최근 5년간 신고된 소득, 증여세(상속세)신고내역 등을 감안하여 결정하여야 합니다.

김약사의
폐업

김약사와 팜택스의
약국개국세무

01

약국을 포괄양도하게 되었습니다. 유의해야 할 사항은 무엇인가요?

> **포인트**
> 부가가치세법상 사업의 포괄양도에 해당하는지 여부를 검토하여 야 합니다.

🔵 김약사: 아는 약사분이 포괄양수도로 약국을 인수하고 싶다고 하셔서 그렇게 하기로 했는데 유의해야 할 사항은 무엇인가요?

🔵 팜택스: **사업의 포괄적 양수도란 사업자가 그 사업에 대한 모든 권리와 의무를 다른 사업자에게 승계시키는 것**을 의미하는데 실무상 부가가치세 부담 없이 처리하고자 할 경우에 많이 사용하고 있습니다. 재고가 많을 경우 원칙대로 하면 양도하는 사업자는 부가가치세를 납부해야 하고 양수하는 사업자는 부가가치세 신고 시 환급을 받게 되는데, 일단 인수할 때 부가가치세를 추가로 부담하게 되니 자금부담만 가중되고 과세관청 입장에서는 부가가치세를 받았다가 다시 환급해야 하니까 국고에 아무런 도움이 되지 않으면서 실무적으로 자금부담만 가중된다는 의미에서 절차의 간소화를 위한 제도라고 볼 수 있습니다.

🔵 김약사: 그럼 부가가치세는 없으니 세금계산서나 계산서 없이 포괄양수도 계약서만 만들면 되겠군요! 그리고 제가 시작할 때는 비어 있

는 상가를 임차했지만 지금은 나름대로 10년간 약국을 했으니 권리금을 요구하고자 하는데 권리금을 받게 되면 어떻게 신고해야 하지요?

🔵 **팜택스:** 포괄양수도가 부가가치세가 과세되느냐는 관련 요건을 충족하는지 확인해 보고 나서 결정해야 합니다. 만약 약국에서 일하는 직원이 있으면 **직원이 모두 퇴사할 경우에는 인적시설에 대한 요건을 충족하지 못하니 재화의 공급으로 보지 않는 포괄양수도가 되지 않습니다.** 그리고 포괄양수로 양수하는 사업자의 경우 국세기본법상 2차 납세의무가 발생하게 됩니다. 즉 **양수도일 현재 확정된 국세의 경우 양도한 사업자가 체납하고 있다면 양수인은 양수한 재산을 한도로 2차 납세의무가 있으니 체납한 세금이 있는지 반드시 확인**해야 합니다. 권리금의 경우 세법상 영업권이라고 표현하는데 사업용고정자산과 함께 양도한다면 양도소득이 되고 그렇지 않으면 기타소득이 됩니다. 약사님이 임차한 사업장이라서 고정자산을 양도할 수 없으니 기타소득이 되겠습니다. 원래는 권리금에 해당하는 금액이 공급가액이고 부가가치세를 가산해서 세금계산서를 발행해야 합니다. 물론 약국은 과세와 면세가 같이 있으니 그 비율만큼 세금계산서와 계산서를 발행해야 하지만 재화의 공급으로 보지 않는 사업양도의 경우 권리금을 지급하는 사업양수자는 대가를 지급 시 기타소득의 60%를 필요경비로 차감한 금액을 기타소득금액으로 계산하여 기타소득세 및 지방소득세를 원천징수해서 신고납부할 수 있습니다.

⚫ **김약사:** 그럼 재화의 공급으로 보지 않는 사업양도는 사업양수자가 기타소득으로 신고하는데 재화의 공급으로 보는 경우는 사업양도자가 세금계산서와 계산서를 발행하니 그만큼 매출액이 올라가는군요. 금액이 제법 되는데 내년에 소득세가 상당한 금액이 될 것 같습니다.

💊 **팜택스**: 권리금은 기타소득이지 사업소득이 아닙니다. 포괄양도 양수계약이 아닌 경우에는 세금계산서와 계산서를 발행해서 부가가치세 신고를 하겠지만 소득세 신고를 할 때는 수입금액조정명세서 상에서 수입금액에서 제외하여야 합니다. 그러고 나서 기타소득으로 소득금액을 계상한 후 60%를 경비로 차감한 후 금액이 소득금액으로 계산하면 됩니다. 결국 기타소득으로 소득세 신고 시 포함되는 금액은 세금계산서나 계산서를 발행하든 기타소득으로 원천징수하여 신고하든 동일하게 됩니다. 즉 포괄양수도계약여부에 따라 부가세는 신고여부가 결정되지만 소득세는 포괄양수도와 관계없이 신고를 해야 합니다.

02 약국을 폐업하게 되었습니다. 유의해야 할 사항은 무엇인가요?

포인트

폐업일 이후에는 사업자가 아니기 때문에 세금계산서나 신용카드, 현금영수증 등을 수수할 수 없으므로, 세무서 폐업일자 확정 시 주의해야 합니다.

🔘 **김약사:** 약국 양도 계약 내용에 대하여 양수할 약사님과 어느 정도 협의가 마무리되어가는 것 같습니다. 계약서 날인이 끝나면 폐업 준비를 해야 할 텐데 폐업을 할 때 고려해야 하는 것들은 어떤 것이 있을까요?

🔵 **팜택스:** 1년 미만의 기간동안 잠깐 쉬었다가 다시 개국할 거라면 폐업 대신 휴업을 하는 것도 좋은 방법일 수 있습니다. 물론 폐업을 했다가 다시 개국을 해도 되지만 폐업은 일단 사업자등록번호가 없어지는 경우이기 때문에 조만간에 다시 일을 한다면 휴업이 좋을 것 같습니다.

휴업은 "폐업"이 아니기 때문에 개인사업자로서 세법상 신고 납부 의무는 이행해야 합니다. 따라서, 부가가치세 신고는 '실적없음'으로 신고하면 됩니다. 약국을 휴업 또는 폐업하려면 관할 보건소에 휴업 또는 폐업신고를 한 후에 세무서에 휴업 또는 폐업신고를 하면 됩니다. 휴업 이후 사업을 개시하게 되면 보건소와 세무서에 사업개시신고를 하시면 됩니다.

🔵 김약사: 만일 폐업을 하게 되면 어떤 점을 유의해야 할까요?

🔵 팜택스: 일단 폐업을 하게 되면 폐업일 이후에는 사업자가 아니니 세금계산서나 신용카드, 현금영수증 등을 수수하면 안 됩니다. 그리고 **폐업한 달의 다음달 25일까지 부가가치세 신고납부**해야 합니다.

🔵 김약사: 그런데 거래처에서 모르고 발행하면 어떻게 하지요? 사업자등록을 할 때처럼 20일 이내 거래분은 인정해 주는 그런 예외가 있는가요?

🔵 팜택스: 폐업일 이후에 거래는 인정이 되지 않으니 일단 약국이 문을 닫아도 계산할 게 남아 있다면 계산이 다 끝나고 나서 폐업을 하는 것이 좋습니다. **전자세금계산서의 경우 다음달 10일에 직전월 말일로 발행하는 경우가 많으니 말일을 폐업일로 하는 것이 좋습니다.** 그리고 폐업을 하면 4대보험도 탈퇴신고를 해야 하고, 원천세 신고도 다음달 10일까지 해야 합니다. 반기신고납부 의무자라고 하더라도 예외가 없습니다.

Ⅰ 폐업일의 기준

(1) 사업자가 폐업하는 때는 사업장별로 그 사업을 실질적으로 폐업하는 날

(2) 폐업한 때가 명백하지 아니한 경우에는 폐업신고서의 접수일

(3) 사업개시일 전에 등록한 자로서 등록한 날로부터 6월이 되는 날까지 재화와 용역의 공급실적이 없는 자에 대하여는 그 6월이 되는 날

Ⅱ 약국의 폐업 절차

(1) 폐업신고

　① 약국을 폐업하려면 관할 보건소나 세무서 중 한 곳에서 폐업신고를 하면 됩니다. 약국 같은 면허가 허가증이 있는 사업자라면 면허 허가를 받은 기관에 폐업신고를 해야 합니다.
　　보건소 폐업은 바로 해도 상관없지만, 세무서 폐업 신고는 거래하는 회계사무실과 상의 후 진행되어야 합니다.

　② 일반적으로 세무서 폐업은 회계사무실에 위임하고, 시군구 지자체나 심평원, 건강보험공단 폐업신고는 '보건 의료자원통합신고 포털'에서 약국장님이 직접 진행하며 됩니다.

　③ 현행 약사법(제22조)에는 약국이 폐업하면 7일 이내에 지자체에 신고하도록 규정하고 있고, 이를 위반하면 100만원 이하의 가산세를 부과하도록 규정하고 있습니다.

　④ 공동사업자가 세무서에 직접 방문하여 폐업 신고할 때는 '동업해지 계약서' 및 공동사업자 전 구성원의 신분증 사본과 인감증명서를 첨부해야 합니다.

　⑤ 약국 폐업 후 세금계산서가 늦게 오는 경우
　　폐업일이 속하는 달의 다음 달 25일까지 부가가치세 확정신고를 해야 하는데, 그때까지 세금계산서를 전부 받지 못하는 경우가 있습니다. 약국의 세무서 폐업신고는 세금계산서를 모두 받은 것을 확인 후 폐업신고하는 것이 좋습니다.

(2) 폐업 부가가치세 신고

① 폐업에 따른 부가가치세 확정신고는 폐업일이 속하는 달의 다음달 25일까지 신고해야 합니다.

② 사업포괄 양수도에 의한 폐업은 폐업 사유에 '양도양수 폐업'을 기재하고 폐업신고 때 '포괄양수도계약서'를 첨부하여 신고합니다.

(3) 기타절차

① 원천세 신고 – 다음달 10일(반기신고인 경우에도 동일)

② 지급명세서 제출 – 다음 다음달 말일

③ 4대보험 탈퇴 – 사업장자격자 자격상실신고

⋯→ 근로자가 없으면 건강보험과 국민연금의 경우 사업장 탈퇴 처리되며, 고용보험과 산재보험은 근로자 없이 1년이 경과되어야 소멸(다음 해 보수총액 신고 후)

④ 노란우산공제 해지 여부 결정

⑤ 신용카드 단말기, 정수기, POS, 경비시설, 인터넷 등 해지

임현수 공인회계사/세무사

서강대학교 경영학과를 졸업하고 공인회계사시험에 합격하여 이촌회계법인 이사로 있으면서 최초로 업종별 특화프로그램인 약국세무전문회계프로그램 '팜택스'를 개발하였다. 이후 전남약사회, 부산시 약사회, 경기도 약사회, 대한약사회 자문세무사를 역입하였고, 각종 약사학술대회나 약사연수교육에서 300회 이상의 약국세무강연과 칼럼을 통해 약국세무경영에 도움을 주고 있다. 또한 2016년 이후 매년 수백명이 참석하는 팜택스개국세미나를 개최하여 개국을 희망하는 약사들에게 약국개국에 필요한 사항들을 지원하고 있다. 최근 약국세무 전반을 다룬 '슬기로운 약국생활'이라는 책을 저술하였다.

박근호 공인회계사/세무사

서울대학교 국제경제학과와 서울대학교 대학원 경영학과(석사)와 중앙대학교 대학원 경영학과(박사)를 졸업했다. 1994년 공인회계사와 세무사 자격을 취득하였으며, CFA와 FRM 자격을 보유하고 있다. 삼일회계법인, 금융감독원, 한국 모토로라, 메릴린치증권, UBS증권, 한국스탠다드차타드증권, 한국신용평가에서 근무하였으며 현재 이촌회계법인에서 근무하고 있다. 단국대학교 경영대학원에서 겸임교수로 세법을 강의 중이며 한국공인중개사협회 중앙회에서 부동산관련 세무자문을 제공함과 동시에 약사분들에게 양도나 상속관련 자문을 제공하고 있다.

김정오 공인회계사/세무사

부산대학교 경제학과를 졸업하고 공인회계사시험에 합격하여 공인회계사와 세무사 자격을 취득하였다. 안진회계법인, 세무법인 WE에서 근무하였고, 세종회계학원에서 세법을 강의하였다. '이것이세법이다'라는 책을 출간하였다.

이수진 세무사

고려대학교 경영학과와 연세대학교 대학원 심리학과를 졸업하였다. 세무사 시험에 합격하여 현재 이촌회계법인에 재직중이다. 에스콰이어 전략기획실, 준오뷰티 기획실에서 근무하면서 세무와 인사노무 등 관련업무를 하였다. 이촌회계법인 팜택스에서 약국세무관련 업무뿐만아니라 양도, 상속, 증여와 같은 재산세제를 담당하고 있다.

전병옥 공인노무사

서강대학교 철학과를 졸업하고 서강대학교 경영전문대학원을 졸업하였다. 공인노무사 시험에 합격하고 산업안전기사, ESG 1급 컨설턴트 자격을 보유하고 있다. 스타벅스커피코리아, 동국제강 기획조정실, 오티스엘리베이트, 삼성코닝 인사기획실 등에서 노무관련 업무를 전담하였다. 또한 건국대, 한양대, 성심여대, 이화여대 등에서 직무특강을 하였다. 현재 이촌회계법인 팜택스에서 노무자문을 제공하고 있다.